Psychologie des Geschichtenerzählens

Tobias C. Breiner

Psychologie des Geschichtener- zählens

 Springer

Tobias C. Breiner
Fakultät Informatik, Hochschule Kempten
Kempten, Deutschland

ISBN 978-3-662-57861-2   ISBN 978-3-662-57862-9   (eBook)
https://doi.org/10.1007/978-3-662-57862-9

Die Deutsche Nationalbibliothek verzeichnet diese Publikation in der Deutschen Nationalbibliografie;
detaillierte bibliografische Daten sind im Internet über http://dnb.d-nb.de abrufbar.

Verantwortlich im Verlag: Marion Krämer

Springer ist ein Imprint der eingetragenen Gesellschaft Springer-Verlag GmbH, DE und ist ein Teil von
Springer Nature
Die Anschrift der Gesellschaft ist: Heidelberger Platz 3, 14197 Berlin, Germany

Vorwort

Warum rühren uns manche Filme zu Tränen und andere lassen uns kalt?

Warum fesseln uns manche Romane so, dass wir bis tief in die Nacht weiterlesen, obwohl wir wissen, dass wir früh aufstehen müssen? Warum quälen wir uns dagegen durch manche Pflichtlektüre hindurch?

Warum zocken wir manches Adventure-Game bis zum letzten Level, während wir bei anderen schnell die Lust verlieren?

Das vorliegende Buch soll Antworten auf diese Fragen geben.

Es ist daher insbesondere für all diejenigen gedacht, die sich in irgendeiner Weise mit der Erzeugung und Bewertung von Geschichten befassen. Dies betrifft natürlich zunächst Romanautoren. Sie bekommen eine Art Blaupause für erfolgsversprechende Geschichten. Ähnliches gilt für Drehbuchautoren. Regisseure werden angebotene Drehbücher eher daraufhin bewerten können, ob sie ein breites Publikum erreichen werden.

Auch für Game-Designer, insbesondere diejenigen, die sich mit der interaktiven Erzähllehre oder dem Charakter-Design befassen, wird dieses Buch eine Hilfe sein. Film-, Computerspiel- und Literaturkritiker bekommen neue Bewertungskriterien an die Hand. Eltern werden nach dieser Lektüre ihren Kindern bessere Gute-Nacht-Geschichten erzählen. Psychologen erfahren mehr über die Struktur des Unbewussten. Sie können Geschichten als therapeutische Werkzeuge in Behandlungskonzepte einbinden.

Kap. 1 und 2 befassen sich mit der Beschaffenheit der Charaktere und dem Aufbau der Charakterbeschreibungen. Dabei ist es hilfreich, das Konzept der Archetypen gut zu kennen, um die Akzeptanz der entwickelten Charaktere für eine bestimmte Zielgruppe zu erhöhen. Auch darum wird es in den beiden Kapiteln gehen.

Archetypen werden zwar schon ausgiebig von Autoren und Game-Designern verwendet, ihre Existenz ist jedoch bis jetzt unbewiesen. Kap. 3 liefert daher erstmals ein neurologisches Erklärungsmodell dafür, wie Archetypen überhaupt entstehen.

Kap. 4 handelt über häufig verwendete Stereotypen bei Charakteren. Anhand historischer und rezenter Studien werden Vorurteile erforscht und ihre Verschiebungsmuster aufgezeigt.

Kap. 5 wird sich mit der Frage beschäftigen, inwieweit die Handlungspsychologie überhaupt Computerspiele tangiert. Leserinnen und Leser, die sich eher für die Bereiche Literatur sowie Film- und Fernsehen interessieren, können dieses Kapitel überspringen.

Kap. 6 befasst sich mit bisherigen Handlungsmodellen. Diese reichen von der Akteinteilung der griechischen Antike bis zum Modell der Heldenreise von Campbell und Vogler.

Im letzten Kap. 7 wird aufbauend auf diesen Modellen ein neues Handlungsmodell entwickelt. So werden einige historische Theorien aus der mythischen Narratologie (C. G. Jung, Campbell) und aus den Filmwissenschaften (Vogler) erweitert und rektifiziert. Es wird erstmals ein neues zirkuläres Modell der Heldenreise entworfen, aus dem sich interessante Schlussfolgerungen ableiten lassen. Diese lassen sich sowohl für das Game-Design von narrativen Computerspielen als auch allgemein für die Optimierung der Erzähltechnik verwenden. Diese dodekazyklische Heldenreise hat einige Vorteile gegenüber den bisherigen Handlungsmodellen. Es spricht zudem einiges dafür, dass es eher der Blaupause der menschlichen Psyche entspricht.

Leider hat sich im deutschsprachigen Raum noch keine geschlechtsneutrale Endung bei Personen allgemein etabliert. Aus Gründen der Lesbarkeit bedient sich das vorliegende Buch daher meist männlicher Substantive, schließt die weibliche Form der Begriffe jedoch selbstverständlich mit ein. Wenn z. B. von Spielern die Rede ist, so sind stets Spielerinnen und Spieler gemeint.

Es soll erwähnt werden, dass ein YouTube-Kanal, welcher sich mit der Handlungspsychologie befasst und auf dem vorliegenden Buch aufbaut, in Arbeit ist. Auch werden zeitnah drei andere Bücher beim Springer-Verlag veröffentlicht, die sich mit verwandten Themen befassen:

Ein Buch wird sich der Grundlagen der Computerspiele und der allgemeinen Spielepsychologie annehmen. Ein anderes gibt Antworten auf die Fragestellung, ob Computerspiele die Aggressivität fördern. Es werden ebenfalls Suchtaspekte von Games untersucht. Das letzte Buch behandelt die Psychologie der Farben und Formen. Es wird darin unter anderem ein neues psychologisches Farbsystem vorgestellt, welche viele Parallelen mit der in diesem Buch präsentierten dodekazyklischen Heldenreise aufweist.

Die ersten beiden Bücher sind gemeinsam von meinem Partner Luca Kolibius und mir verfasst, das letzte von mir alleine.

Ich möchte mich in diesem Zusammenhang ausdrücklich bei Luca bedanken, mit dem die konstruktive Zusammenarbeit aufgrund seiner Kompetenz bei gleichzeitiger Lässigkeit sehr viel Spaß gemacht hat.

Auch möchte ich mich bei meinen Studierenden bedanken. Sie haben mir sehr oft zu neuen Erkenntnissen verholfen. Dies geschah entweder durch inspirierende Fragestellungen während der Vorlesungen und Übungen oder gar durch eigene Studien im Rahmen ihrer Abschlussarbeiten.

Ein großer Dank geht auch an meine Frau Nicole und meine Kinder Sina, Jonas und Felix. Für meine Familie hatte ich schließlich während der Zeit des Bücherschreibens nicht so viel Zeit, wie ich es mir eigentlich gewünscht hätte.

Vor allem möchte ich mich ganz herzlich bei meinen Eltern Ursula Breiner und Dr. Herbert L. Breiner bedanken, die das vorliegende Buch vor Manuskriptabgabe durchgelesen haben. Ihre vielen Anmerkungen und Korrekturvorschläge wurden *weitestgehend,* oder besser gesagt *weitgehend,* beherzigt, sodass es auch ein wenig ihr Buch ist.

Tobias C. Breiner
Frankfurt am Main
den 26.06.2018

Inhaltsverzeichnis

Über den Autor

Prof. Dr. Tobias C. Breiner

Breiner studierte an der TU Darmstadt Informatik. Nach Arbeiten am Fraunhofer Institut für Grafische Datenverarbeitung erhielt er ein Begabtenstipendium an der Universidade Nova in Lissabon. Daran anschließend entwickelte er als Freiberufler unter anderem Arcade-Games, Sportspiele und 3D Fabrikvisualisierungen sowie professionelle Fahrsimulationen für BMW, Daimler-Chrysler und Siemens.

2006 promovierte Breiner an der Johann Wolfgang Goethe-Universität in Frankfurt am Main mit dem Thema „Dreidimensionale virtuelle Organismen". Er begann eine Habilitation im Bereich Computergrafik, die 2007 durch den Ruf als Professor für Computergrafik an die SRH Hochschule Heidelberg vorzeitig beendet wurde.

Dort baute er als Studiendekan den neuen Studienschwerpunkt „Game-Entwicklung" auf. Sein Bereich wuchs zur größten europäischen Ausbildungsstätte für Computerspiele. Er entwickelte als Prodekan der Fakultät für Informatik zudem den ersten europäischen Bachelorstudiengang für Virtuelle Realitäten und akkreditierte ihn erfolgreich.

Im März 2011 wurde er an die Hochschule Kempten berufen. Dort entwickelte er den Bachelorstudiengang „Informatik – Game Engineering".

Seine computergrafischen Forschungsschwerpunkte sind Echtzeitraytracing und Fraktales Modellieren. Auch der Einfluss von Games und Virtuellen Realitäten auf unseren Alltag werden von ihm erforscht. Er ist Erfinder mehrerer Methoden in der Computergrafik, wie die Quaoaring-Technologie, das damit verbundene Biologische Koordinatensystem, die fraktale Planetengenerierung, die Hierarchiemodellierung, das Open-World-Konzept bei Spielen und die trigonometrischen Freiformdeformationen.

Breiner ist Autor von über 50 Veröffentlichungen und mehrfacher Preisträger. Unter anderem gewann er 2009 den „Best Teaching Award", der denjenigen Professor mit der besten Lehre auszeichnet, 2010 den Preis der „SRH-Initiative für Kreative Lehre" für sein neues Studiengangskonzept „SIEGER" und 2012 den „Preis des bayerischen Staatsministeriums für herausragende Lehre".

Er ist hauptverantwortlich für die Entwicklung mehrerer Game-Engines, wie die LichtBlitz-Engine, die Vektoria-Engine und die Zock!-Engine der Firma „3D-Generation". Er spricht zwölf Sprachen, davon fünf fließend.

Breiner ist verheiratet und Vater dreier Kinder. Einige seiner Hobbys sind – neben der Informatik – Subkulturen, Kampfsport, Komponieren, Plansprachen entwickeln und Malen.

Handlungscharaktere

© Springer-Verlag GmbH Deutschland, ein Teil von Springer Nature 2019
T. C. Breiner, *Psychologie des Geschichtenerzählens*, https://doi.org/10.1007/978-3-662-57862-9_1

1

Die treibende Kraft einer Handlung sind ihre Charaktere. In den folgenden Unterabschnitten wird aufgezeigt, wie sie entworfen, beschrieben und gekennzeichnet werden. Es wird darüber hinaus ergründet, welche grundsätzlichen Eigenschaften sie haben müssen, damit die Handlung gelingt und psychologisch wirkt.

1.1 Charakterbeschreibungen

Soll eine Geschichte entworfen werden, ist es anzuraten, zuerst die *Charakterbeschreibung* (character definition) zu erstellen und erst danach an die eigentliche Handlung zu gehen. Diese Reihenfolge ergibt sich daraus, dass sich die Handlung oft aus den charaktertypischen Reaktionsweisen entwickelt. Somit folgt aus guten Charakterbeschreibungen fast zwangsläufig der Handlungsfaden.

Sollte beispielsweise im Laufe der Geschichte eine Person beleidigt werden, so wird sie je nach Charakter und Lebensphilosophie anders reagieren.

Ein sensibler Charakter mit Minderwertigkeitskomplexen könnte zu weinen anfangen. Ein eloquenter selbstbewusster Charakter würde dagegen mit einem flotten Spruch kontern. Eine impulsiv-aggressive Figur finge eine Schlägerei an. Ein Masochist fände die Beleidigung erregend und würde demütig um weitere Beschimpfungen flehen. Ein überzeugter Christ würde für den Beleidiger beten. Ein überzeugter Buddhist dächte über die karmischen Vergehen seines letzten Lebens nach. Ein introvertierter Satanist würde hinterlistige Rachepläne austüfteln etc.

Je nach Charakterbeschaffenheit des Beleidigers würde dieser auf die unterschiedlichen Reaktionen wieder anders reagieren, und so setzt sich eine einmal begonnene Handlungskette fast automatisch fort.

In Computerspielen werden Charaktere im *Game-Design-Dokument* (game design document) durch *Charakterbögen* (character sheets) definiert. Es ist jedoch anzuraten, auch im Vorfeld der Handlungserstellung von Romanen und Drehbüchern solche Charakterbögen zu erstellen.

> **Im Vorfeld der Handlungserstellung sollten detaillierte Charakterbögen für jede Figur erstellt werden.**

Je ausführlicher die Beschreibung ausfällt, desto besser. Es ist dabei hilfreich, die Checkliste im Exkurs zur Hilfe zu nehmen, um nichts zu vergessen.

Checkliste für die Charakterbeschreibung

- Grundsätzliche Einteilung (Mensch, Tier, Fabelwesen, Roboter etc.):
  - Spezies, Art, Rasse (insbesondere bei Tieren und Fabelwesen wichtig)
  - Geschlecht
  - Alter
  - Funktion innerhalb der Handlung (Held, Gefährte etc.)
- Namen:
  - Vorname
  - Beinamen (falls vorhanden)
  - Nachname
- Geburtsname (falls anderslautend als der Nachname)
- Spitznamen (falls vorhanden)
- Visuelle Erscheinung bezüglich der Form:
  - Größe (in cm)
  - Statur (athletisch, hager, korpulent etc.)
  - Frisur
  - Bart- und Körperbehaarung
  - Narben
  - Muttermale und Fehlbildungen
- Visuelle Erscheinung bezüglich der Farbe (sollte genau mittels eines Farbsystems definiert werden):
  - Haarfarbe
  - Hautfarbe
  - Augenfarbe
- Besitzstand:
  - allgemeine Besitzverhältnisse (mittellos, arm, neureich etc.)
  - eigenes Fortbewegungsmittel (Skateboard,

- Bonanzarad, Porsche etc.)
  - Wertpapierbesitz
  - Grund- und Immobilienbesitz
  - besondere Besitztümer (Schatzkarte, Tagebuch des Uropas etc.)
- Utensilien (falls vorhanden):
  - Fuß-, Bein- und Hauptbekleidung
  - Kopfbedeckung
  - Schmuck
  - Waffen (Schwert, Pistole etc.)
  - besondere Utensilien (Pfeife, Schrumpfkopf am Gürtel, Zepter etc.)
- Charakter:
  - Charaktergrundbeschaffenheit (introvertiert, extrovertiert, neurotisch etc.)
  - Handlungsmotivation
  - Hintergrundgeschichte
  - innerer Konflikt
  - Abneigungen und Zuneigungen
  - Phobien, Marotten, Ticks etc.
  - sexuelle Vorlieben
- Herkunft:
  - Eltern (harmonische Ehe, geschieden, verwitweter alleinerziehender Vater etc.)
  - Geschwisterrang (ältester Sohn von acht Geschwistern, Einzelkind etc.)
  - Lebenspartner und Kinder (falls vorhanden)
  - soziale Herkunft (Bildungsbürgertum, Arbeitermilieu, Adel etc.)
  - nationale Herkunft (deutsch, syrischer

- Migrationshintergrund etc.)
  - regionale Herkunft (Bayern, Hessen, Sachsen etc.)
  - Freunde und Bekannte (vorwiegend Facebook-Bekanntschaften, Mitglied einer Gang etc.)
- Bewegung:
  - Mimik
  - Gestik
  - Gangart
- Gesundheit:
  - allgemeine Konstitution
  - Blutgruppe
  - Allergien
  - Wahrnehmungsfähigkeit (scharf-, kurz- oder weitsichtig, rot-grün-blind, schwerhörig etc.)besondere Krankheiten (Diabetes, Herzklappenfehler, etc.)
- Weltbild:
  - Religion (atheistisch, römisch-katholisch, buddhistisch etc.)
  - politische Einstellung (unpolitisch, marxistisch, panokratisch, rechtskonservativ etc.)
  - wissenschaftliches Weltbild (glaubt an Urknalltheorie etc.)
  - Verschwörungstheorien (glaubt an Illuminaten, Aliens, flache Erde etc.)
- Sprache:
  - Fähigkeit (eloquent, stotternd etc.)
  - Lautstärke (sonor, nuschelnd etc.)
  - Akzent (falls Migrationshintergrund)

- Dialekt (hochdeutsch, schwäbisch, berlinerisch etc.)
  - Füllwörter („äh", „hm"., „ja", „Alter!", „Digger" etc.)
  - Fluchworte („Verflixt!", „Fuck!" etc.)
  - häufig verwendete positive Wertungsworte („gediegen", „geil", „toll", „lässig", „dufte" etc.)
  - häufig verwendete negative Wertungsworte („suboptimal", „ätzend", „daneben" etc.)
  - sonstige oft verwendete Ausdrücke und Vokabeln
  - Besonderheiten der Satzstruktur (Schachtelsätze, Verb am Ende etc.)
- Domizil (falls vorhanden):
  - Adresse
  - Art der Wohnung bzw. des Hauses (Mietwohnung, Eigenheim etc.)
  - Einrichtung (rustikale Eichenmöbel, Bauhausstil, Ikea-Möbel etc.)
- Attribute für Modellierung und Animation (nur bei Games und 3D-Animationsfilmen):
  - interne Skelettstruktur für das Rigging
  - Polygonanzahl der Oberfläche
  - Detaillierungsstufen (level of details, LoDs)
  - Texturierungsbesonderheiten
  - Seiten- und Nebenansicht in Vitruv-Pose (breitbeinig mit

| ausgestreckten Armen) | — typische Pose (in Farbe) | — Größenvergleich zu anderen Charakteren |

Die Charakterbeschreibung sollte in sich *konsistent* (consistent) sein. Es ist beispielsweise nicht sinnvoll, einen syrischen Flüchtling, der erst seit drei Monaten in Deutschland lebt, sächsisch reden zu lassen oder ein introvertiertes Mädchen mit einer sonoren Stimme und schriller Kleidung auszustatten.

Diese *Charakterkonsistenz* (character consistency) ist insbesondere hinsichtlich der *Handlungsmotivation* (story motivation) und dem *inneren Konflikt* (internal conflict) wichtig, die sich jeweils aus der *Hintergrundgeschichte* (backstory) ergeben sollten.

Hilfreich zur späteren Handlungsentwicklung ist es, wenn der Charakter zusätzlich zum inneren Konflikt einen *externen Konflikt* (external conflict) mit der Handlungsmotivation einer anderen Person hat, das heißt wenn die Interessen verschiedener Charaktere entgegengesetzt zueinander sind.

So könnte es zwischen einem Mann und einer Frau zu einem externen Konflikt kommen, wenn er in sie verliebt ist und sie lesbisch ist.

Externe Konflikte könnte es auch zwischen einem Staubsaugervertreter und einer Hausfrau geben, wenn sie sich aufgrund eines Kindheitstraumas an allen Vertretern rächen will.

Eine Politikerin und ein Umweltaktivist hätten unterschiedliche Interessen und damit einen externen Konflikt, wenn sie einen Wald für einen neuen Industriepark roden will und es sein Ansinnen ist, die Natur zu schützen – notfalls mit Gewalt.

Externe Konflikte sind bei manchen Genres zwangsläufig. So haben beispielsweise Vampirjäger und Vampire unterschiedliche Interessen. Auch in Kriminalgeschichten gibt es zwangsläufigen einen externen Konflikt zwischen Kommissar und Tätern.

Bei Actionfilmen gibt es meist einen Jäger und einen Gejagten und damit ebenfalls einen externen Konflikt. So haben beispielsweise Vincent Hanna, gespielt von Al Pacino, und Neil McCauley, gespielt von Robert DeNiro, im Film Heat entgegengesetzte Handlungsmotivationen. Hanna will Verbrecher hinter Schloss und Riegel bringen, McCauley dagegen ist Leiter einer kriminellen Bande und möchte naturgemäß nicht gefasst werden.

❯ **Innere und äußere Konflikte der Charaktere treiben die Handlung voran.**

Bei dem Entwurf der Charakterbögen gibt es leicht unterschiedliche Anforderungen, abhängig davon, ob sie für Romane, Filme oder Computerspiele gedacht sind. Diese Unterschiede werden in den folgenden Abschnitten behandelt.

1.1.1 Charakterbeschreibungen für Romane

Romanautoren genießen die größte Freiheit bezüglich der verwendeten Charaktere. Schließlich müssen sie keine Rücksicht auf die technische Realisierung ihrer Geschichte nehmen.

Da Romane meistens mehr in die Tiefe gehen als Filme und Computerspiele, ist es aber wichtig, die Charakterbeschreibungen besonders ausführlich zu gestalten. Die Romanautoren sollten ihre Figuren in- und auswendig kennen. So werden sie es anschließend leichter haben, die Geschichte zu entwickeln.

Manchmal kann es sinnvoll sein, zusätzlich zum ausführlichen *Produktionscharakterbogen* (production character sheet) ein *Präsentationscharakterbogen* (presentation character sheet) zu entwerfen. Darin werden nur ausgewählte Aspekte der

Charakterbeschreibungen der wichtigsten Figuren gezeigt. Präsentationscharakterbögen sollten eine künstlerisch ansprechende Form haben und werden am Anfang der Geschichte vorgestellt.

Sie haben den Vorteil, dass der Leser sich am Anfang der Geschichte nicht falsche Vorstellungen über die Charaktere macht, die zu einer *Illusionsblase* (illusion bubble) führen. Solche Illusionsblasen können an späterer Stelle der Geschichte platzen, z. B. wenn sich der Leser unter der Person „Toni Lauer" eine hübsche, junge Dame vorstellt, die sich in einem Folgekapitel dann als dicker, älterer Herr entpuppt. Im Extremfall kann das Platzen einer solchen Illusionsblase zur Ablehnung des gesamten Werkes führen.

> ❯ Ein Präsentationscharakterbogen
> am Anfang eines Romans hilft,
> Illusionsblasen zu vermeiden.

Ein bekanntes Beispiel für einen Präsentationscharakterbogen findet sich im Comic *Asterix und Obelix*. Hier werden die Hauptfiguren Asterix, Obelix, Idefix, Miraculix, Troubadix und Majestix kurz mit Bild und ihrer wichtigsten Handlungsmotivation vorgestellt.

1.1.2 Charakterbeschreibungen für Film- und Fernsehen

Bei Charakteren für Film- und Fernsehen muss beachtet werden, dass sie letzten Endes meist von einem Schauspieler repräsentiert werden, zumindest wenn es sich nicht um einen Animations- oder Zeichentrickfilm handelt.

So sollte immer der ungünstigste anzunehmende Fall beachtet werden, dass beim Schauspielercasting keine Personen gefunden werden, welche mit dem entworfenen Charakter übereinstimmen. Daher sollten die Charaktere für Drehbücher flexibler gestaltet werden als die für Romane oder Computerspiele.

Manchmal hat der Regisseur schon einen Schauspieler ausgewählt, dann sollte der Drehbuchcharakter an die reale Person adaptiert werden – wenn möglich in Absprache mit dem jeweiligen Schauspieler.

> ❯ Charaktere für Filme sollten bezüglich
> der Umsetzbarkeit mit eventuellen
> Schauspielern abgestimmt sein.

So wäre es nicht sinnvoll gewesen, Heinz Rühmann in der Figur des James Bond zu verpflichten, und umgekehrt wäre die Feuerzangenbowle mit Barry Nelson als Dr. Johannes Pfeiffer wohl ein Flop geworden.

1.1.3 Charakterbeschreibungen für Computerspiele

Spielcharaktere können menschliche Personen, intelligente Tiere, Fabelwesen oder andere wesensähnliche Objekte, wie beispielsweise Roboter, sein. Diese treiben als Akteure die Handlung vieler Computerspiele voran.

Einige Computerspiele kommen dagegen ohne virtuelle Charaktere aus. Sie arbeiten nur mit abstrakten ludologischen Elementen. Ein klassisches Beispiel ist Tetris, in dem – zumindest direkt – weder ein Held noch ein sonstiger Spielcharakter auf dem Bildschirm angezeigt wird. Auch bei den meisten Fahrsimulationsspielen tauchen keine mit der Handlung interagierenden Wesen auf.

Für die überwiegende Anzahl von Computerspielen gilt dies aber nicht. Hier gibt es durchaus Figuren, welche miteinander interagieren und eine mehr oder weniger wichtige Spielfunktion übernehmen.

Damit ein Spiel seine maximale Kraft entfaltet, ist es wichtig, die psychologische Wirkung dieser Charaktere zu verstehen. Im Gegensatz zu anderen Aspekten der Game-Psychologie ist die Psychologie zur Beschaffenheit der Charaktere nur ungenügend durch valide akademische Studien exploriert. Sie basiert bislang vorwiegend auf Erfahrungswerten der Game-Designer.

1

Da dieser Berufsstand aber zumeist keine Kenntnisse in Psychologie hat, sind Spiele hinsichtlich der Auswahl und Beschaffenheit der Charaktere oft suboptimal gestaltet. Es existiert dementsprechend noch ein erhebliches Verbesserungspotential.

Im Gegensatz zu Romanen und Drehbüchern sind Charakterbögen im Game-Design-Dokument nicht nur wünschenswert und dringend anzuraten, sondern zwingend erforderlich – zumindest wenn das Computerspiel überhaupt Handelnde enthält.

> ❯ **Charakterbögen sind im Game-Design-Dokument zwingend, falls das Computerspiel Personen, Tiere oder andere Wesen enthält.**

In den Charakterbögen für Computerspiele sollten auch Informationen für die anschließende Realisierung in der Spieleproduktionskette vorhanden sein, wie Frontal- und Seitenansicht mit ausgestreckten Armen (Vitruv-Pose für den 3D-Modellierer), ausgewählte typische Pose in Farbe (für den UV-Texturierer), Anzahl der Level of Details mit ihren jeweiligen Oberflächenpolygonanzahlen (Detaillierungsgrade für den Modellierer) oder die interne Skelettstruktur (für den 3D-Animator).

> ❯ **In Charakterbögen für Computerspiele und Animationsfilmen sollten auch Informationen für den Modellierer und den 3D-Animator vorhanden sein.**

1.2 Figurenrangfolge

In der modernen Erzähllehre werden oft Fachbegriffe für Charaktere verwendet, die aus der Antike stammen. Einige dieser Fremdwörter haben im Lauf der Jahrhunderte einen Bedeutungswandel erfahren, und werden heute anders verwendet als damals. In den folgenden Unterabschnitten werden diese Vokabeln, die der Leser als Grundlage kennen sollte, mitsamt ihrer geschichtlichen Entwicklung erläutert.

1.2.1 Figurenrangfolge der griechischen Antike

In der klassischen griechischen Tragödie wurde die Hauptfigur einer Handlung als *Protagonist*[1] bezeichnet. Eventuell gab es einen zweit- und drittwichtigste Figur, dem *Deuteragonist*[2] und *Tritagonist*[3]. Nach einer *chorischen Szene* folgte ein *Agon*, in dem diese Figuren ein Streitgespräch mit einem *Antagonisten*[4] führten.

In der Regel wird der Protagonist durch einen moralisch überlegenen Held und der Antagonist durch einen Bösewicht verkörpert. Es kann allerdings auch in seltenen Fällen andersherum sein.

Alle Handelnden gemeinsam werden dabei zusammenfassend als *Agonisten* bezeichnet.

Erstmals wurde die Wesensart von Charakteren in der *Erzähllehre*, der *Narratologie*, von Aristoteles thematisiert. Er wies darauf hin, dass jede Person in einem Theaterstück einen spezifischen unverwechselbaren Charakter verkörpern sollte, der sich stringent in die Handlung einfügt:

> ❯ Eine Person hat einen Charakter, wenn, wie schon gesagt wurde, ihre Worte oder Handlungen bestimmte Neigungen erkennen lassen (Aristoteles 1976).

> ❯ Man muss auch bei den Charakteren – wie bei der Zusammenfügung der Geschehnisse – stets auf die Notwendigkeit oder Wahrscheinlichkeit bedacht sein, d. h. darauf, dass es notwendig oder wahrscheinlich ist, dass eine derartige Person derartiges sagt oder tut, und dass das eine mit Notwendigkeit oder Wahrscheinlichkeit auf das andere folgt (Aristoteles 1976).

---

1 Im Original: πρωταγωνιστής (von πρῶτος „der Erste" und ἄγω „Ich führe bzw. handle").

2 Im Original: δευτεραγωνιστής (von δεύτερος „der Zweite" und ἄγω „Ich führe bzw. handle").

3 Im Original: τριταγωνιστής (von τρίτος „der Dritte" und ἄγω „Ich führe bzw. handle").

4 Im Original: ἀνταγωνιστής (von ἀντί „gegen" und ἄγω „Ich führe bzw. handle").

1.2.2 Figurenrangfolge der modernen Erzähllehre

Einige der Begriffe des antiken griechischen Theaters werden auch heute noch in der Erzähllehre verwendet. Dabei hat sich allerdings ein Bedeutungswandel vollzogen: So wird bei den *Hauptfiguren* einer Handlung von den *Protagonisten* gesprochen und bei deren Gegenspieler von den *Antagonisten*. Diese Begriffe werden oft ungeachtet dessen im Plural verwendet, obwohl es nach der strengen griechischen Lehre nur einen einzigen ersten Handelnden und einen einzigen Antagonisten geben durfte. Zusätzlich zu diesen Charakteren gibt es auch noch *Nebenfiguren,* die in der Geschichte nur eine untergeordnete Rolle spielen. Nebenfiguren sollten nicht mit *Statisten* verwechselt werden, Während Nebenfiguren durchaus eine narrative Funktion haben können, dienen Statisten eher zur Belebung der Kulisse in Film, Fernsehen und Theater.

Auch der Begriff des Deuteragonisten findet sich mit veränderter Bedeutung in der modernen Erzähllehre wieder. So wird der *Hauptgefährte* (sidekick) des Helden oder der *Nebenheld* (secondary hero) als Deuteragonist bezeichnet. Beispielsweise ist Sherlock Holmes der Protagonist und Dr. Watson der Deuteragonist. Im Comic *Tim und Struppi*[5] wäre Tim der Protagonist und Struppi der Deuteragonist.

Weitere bekannte Deuteragonisten sind:
- Sancho Panza (mit Don Quijote als Protagonist),
- Luigi (mit Mario als Protagonist),
- Robin (mit Batman als Protagonist),
- Donkey (mit Shrek als Protagonist),
- Tails (mit Sonic als Protagonist),
- Jolly Jumper (mit Lucky Luke als Protagonist),
- Willi (mit Biene Maja als Protagonist).

Es ist dabei zu beachten, dass die Einschätzung, ob es sich beim Deuteragonisten um einen Hauptgefährten oder um einen Nebenhelden handelt, interpretationsabhängig ist. Die diesbezüglichen Grenzen sind fließend und davon abhängig, ob der Leser, Hörer, Zuschauer oder Spieler sich mit der betreffenden Figur identifizieren könnte. Kann der Rezipient sich nicht nur mit dem Protagonisten identifizieren, sondern alternativ auch mit dem Deuteragonisten, würde es sich bei Letzterem um einen Nebenhelden handeln, fällt die Identifikation schwer, dementsprechend um einen Hauptgefährten. So würde beispielsweise Dr. Watson eher als Nebenheld gelten, da er durch seine Tugenden dem Leser Identifikationshilfen anbietet, während Struppi eher ein Hauptgefährte wäre, da es den meisten Lesern schwerfallen dürfte, sich mit einem Hund zu identifizieren.

Der Nebengefährte oder ein zweiter Nebenheld wird dagegen als Tritagonist bezeichnet. Beispielsweise könnte in *Die Abenteuer des Huckleberry Finn*[6] Huckleberry Finn selbst als Protagonist, Jim als Deuteragonist und Tom Sawyer als Tritagonist bezeichnet werden. Im Comic *Asterix und Obelix*[7] wäre Asterix der Protagonist, Obelix der Deuteragonist und Idefix der Tritagonist.

Weitere bekannte Tritagonistinnen und Tritagonisten sind:
- Peter (mit Heidi als Protagonistin und Klara als Deuteragonistin),
- Knuckles (mit Sonic als Protagonist und Tails als Deuteragonist),
- Silke Haller (mit Frank Thiel als Protagonist und Prof. Dr. Dr. Karl-Friedrich Boerne als Deuteragonist).

Es ist zu beachten, dass durch die Begriffe, Protagonist, Deuteragonist und Tritagonist nur sehr grobe Einteilungen der Charaktere möglich sind. Diese Einteilung gibt hauptsächlich Informationen über die Wichtigkeit der jeweiligen Figur innerhalb der Geschichte, sie lässt aber kaum Rückschlüsse auf deren genaue Funktion zu.

---

5 Im Original: Les aventures de Tintin.

6 Im Original: The Adventures of Huckleberry Finn.
7 Im Original: Les aventures d'Astérix le Gaulois.

1

⊗ Der Begriff „Protagonist" wird oft fälschlicherweise im Plural verwendet. Mehrere Figuren innerhalb einer Handlung sollten besser als „Agonisten" bezeichnet werden.

1.3 Interkulturelle Charaktermuster an Beispielen

Um die Wesensart von Roman-, Theater-, Film- und Game-Charakteren besser zu verstehen, ist es hilfreich, Charaktere aus antiken Mythologien zu analysieren, einerseits, weil viele Charakterentwickler auf diesen reichhaltigen Fundus der antiken Götter- und Heldensagenwelt zurückgreifen, andererseits, weil darin kulturübergreifende Muster erkennbar sind. So treten in verschiedenen antiken Kulturen ähnliche Götter- und Heldenbeschreibungen auf. Die Beschreibungen dieser Gemeinsamkeiten würden ein eigenes Buch füllen, daher sollen im Folgenden nur einige Parallelen rund um einige Beispiele angeführt werden.

1.3.1 Beispiel Drachentöter

Ein männlicher Charakter, der in verschiedenen Kulturkreisen auftritt, ist ein göttliches oder gottähnliches Wesen, welches sich im Negativen durch infantile Dickköpfigkeit, Herrschsucht, Liebestollheit, Unbeherrschtheit und Cholerik sowie im Positiven durch körperliche Stärke, sexuelle Potenz, Jovialität und Großzügigkeit auszeichnet. Der Charakter ist barmherzig zu seinen Verehrern und unbarmherzig zu seinen Feinden. Seine Statur ist überdurchschnittlich groß, leicht korpulent und gleichzeitig muskelbepackt. Dieser stämmig-athletische Körper wird sommerlich gewandet präsentiert. Er wird meist mit heller Hautfarbe, gelocktem blondem Haupthaar, einem mittellangen Vollbart und mit einer schweren, meist stumpfen Waffe (Hammer, Keil, Keule, Steinaxt, klobiges Schwert et al.) dargestellt, welche er mit seiner rechten Hand

in die Höhe hält. Aus der Waffe schießen oft Blitze oder Feuer und sie hat magische Kräfte. Mithilfe dieser magischen Waffe überwältigt er einen schlangenartigen Drachen bzw. eine drachenartige Schlange. Entweder eignet er sich danach die Kraft des Tieres selbst an, er formt mit dem Körper des Ungeheuers Himmel und Erde oder er verschmilzt – vor allem in den asiatischen Mythologien – mit dem Drachen selbst, sodass ein Mischwesen entsteht. Er thront majestätisch über den Wolken, manchmal fährt er auch mit einem breiten Wagen über die Wolken, welcher durch fliegende Huftiere gezogen wird. Die Person zeugt zahlreiche andere Götter und wird daher in vielen Kulturen als Göttervater und damit als Hauptgott verehrt.

In vielen Kulturen wird dieser Charakter mit dem Wettergott gleichgesetzt. Es entwickelten sich jeweils darum ähnliche Mythologien, die sich frappant ähneln:

So kämpft der nordgermanische Donnergott *Thor* zusammen mit dem Riesen *Hymir* mit der *Midgardschlange*. Er benutzt dazu seinen magischen Hammer *Mjölnir*, der wie ein Bumerang nach dem Werfen stets wieder zu Thor zurückkehrt. Thor wird meist als blonder Vollbartträger mit großer, breiter, athletischer Statur beschrieben, der seine Impulse nicht unter Kontrolle hat. Er besitzt einen Wagen, mit dem er über die Wolken fährt (s. ◘ Abb. 1.1 und 1.2; Doepler 1905; Willis 1998, S. 198 ff.).

Der griechische Göttervater *Zeus*[8], der für Regen und Gewitter zuständig ist, kämpft gegen den Drachen *Typhon*[9] mittels seines magischen Donnerkeiles. Auch er wird in Statuen als groß, breit und muskulös mit lockigem Vollbart und halblangem Haupthaar dargestellt (◘ Abb. 1.3). In der griechischen Mythologie agiert er zwar großzügig, aber in jeglicher Hinsicht leicht erregbar. Er hat zahlreiche Liebschaften, zeugt viele Kinder und erhebt sich dadurch zum Göttervater des Olymps (Weidner 2015, S. 39 ff.).

---

8   Im Original: Ζεύς.

9   Im Original: Τυφῶν (seltener: Τυφωεύς, Τυφάων).

■ **Abb. 1.1**   Thor und die Midgardschlange, Gemälde von Emil Doeppler aus dem Jahr 1905. (Doepler 1905)

■ **Abb. 1.2**   Thor und Hymir bekämpfen die Midgardschlange. (Bebilderung von Jakob Sigurðsson 1765)

1

■ **Abb. 1.3**   Zeusstatue (Getty Villa in Pacific Palisades, Kalifornien; Bell 2012). Obwohl die Statue im ersten Jahrhundert nach Christus in einer römischen Werkstatt aus Marmor gehauen wurde, kam die Inspiration für dieses Bild des Jupiters von einer griechischen Gold- und Elfenbeinstatue, die vom Bildhauer Pheidias 430 v. Chr. für den Zeustempel in Olympia erstellt wurde. Diese Zeusstatue war in der Antike berühmt als eines der sieben Weltwunder. In seinen Armen hielt Zeus ursprünglich einen Zepter und ein Blitzbündel

Bei den Hethitern kämpft der cholerische Wettergott *Teschub*[10] mit der gehörnten Meeresschlange *Illiyanka*. Teschub wird als muskulöser, hellhäutiger Vollbartträger beschrieben, der entweder ein dreistrahliges Blitzbündel oder eine Streitaxt in der Hand hält und mit einem Wagen über die Wolken fährt. Wie Zeus ist er leicht erregbar, zeugt viele Kinder und gilt daher als Göttervater (Haas und Koch 2011, S. 228 ff.; Willis 1998, S. 66).

Die Luwier hatten den Wettergott *Tarḫuwant*, über den wenig bekannt ist. Aber im Felsrelief von Arslantepe ist er als

---

10 In der Literatur gibt es bezüglich der Namensgebung des hethitischen Wettergottes Uneinigkeit.

◘ Abb. 1.4 Tarḫuwant bekämpft mit einem Gefährten einen Drachen (Luwisches Relief aus Arslantepe, entstanden zwischen 859 bis 800 v. Chr.). (Jansoone 2007)

großer, muskulöser Vollbartträger dargestellt, der mit einer büschelförmigen Waffe einer Riesenschlange gegenübersteht (◘ Abb. 1.4). Hagelkörner prasseln auf die Schlange ein, vermutlich durch die Zauberkraft der Waffe verursacht. Dabei hilft ihm ein Kampfgefährte (Jansoone 2007). Auf anderen Bildnissen ist er sommerlich gekleidet, hält mit der rechten Hand eine Keule und fährt einen Wagen, der von Huftieren (Wahlweise Stiere oder Pferde) gezogen wird (Haas und Koch 2011, S. 229 ff.). In den Beschreibungen gilt er zwar als Menschenfreund, soll aber höchst impulsiv und erzürnbar sein. Es ist wahrscheinlich, dass Tarḫuwant und Tarhunna eine gemeinsame etymologische Wurzel aufweisen.

Die Lykier kannten den Wettergott *Trqqis*, der mit einer vielköpfigen Schlange kämpft. Auch er ist Vollbartträger, groß und stark.

In der vedischen Mythologie tötet der Sturm- und Regengott *Indra* den Drachen *Vritra*[11] mit seinem magischen Donnerkeil *Vajra*[12]. Durch den Sieg über den Drachen trennt er das Wasser von der Erde und befreit die Sonne. Der Name Indra leitet sich dabei von dem gleichnamigen Sanskritwort indra[13] ab, welches „mächtig" bzw. „körperlich stark" bedeutet. In den Rigveden wird der Gott dementsprechend groß, mit muskulösen Armen und – für Indien

ungewöhnlich – mit blondem Haar und blondem Bart beschrieben. Er ist lüstern, erregbar und unbeherrscht. Treue ist jedenfalls nicht seine Stärke. Durch seine Potenz wurde er zum Göttervater (Willis 1998, S. 72 ff.).

Der babylonische Gott *Marduk* zerteilt mit seinem Flammenschwert die drachenartige Meeresgottheit *Tiamat* in zwei Hälften, welche wiederum andere Schlangendrachen *(Ušumgallē Nadrūti)*, die Schlange *Basmu* und den Drachen *Mušḫušḫu* befiehlt. Aus der einen Hälfte des Drachenleibes formt er die Erde und aus der anderen den Himmel. Marduk ist zwar dabei kein dedizierter Wettergott, herrscht aber als allmächtiger Hauptgott der Babylonier auch über das Wetter. Auf babylonischen Reliefs ist er stämmig abgebildet, trägt einen Vollbart und hat eine zornige Miene. Auf einigen Bildern trägt er ein Netz und hält eine Keule in die Höhe, aus der drei Blitze kommen. Er steht auf einer gehörnten Schlange und trägt Gewänder aus Wagenrädern (Illerhaus 2011; Willis 1998, S. 225).

Bei den Irokesen gab es den obersten Gott *Hino,* der entweder als Donnervogel oder als menschenähnliches Wesen erscheinen konnte. Er kämpft gegen die Schlangen der Unterwelt. Aus dem Kampf zwischen Himmel und Unterwelt entstehen Unwetter (Willis 1998, S. 62).

In einem aztekischen Schöpfungsmythos töten der Windgott *Quetzalcoatl* zusammen mit dem Gott *Tezcatlipoca* das drachenartige

---

11 Im Original: वृत्र.
12 Im Original: वज्र.
13 Im Original: इन्द्र.

1

Wesen *Tlaltecuhtli* und sie formen aus seiner Leiche Himmel und Erde. Quetzalcoatl wird dabei – wenn er nicht gerade selbst als gefiederte Schlange erscheint – als großer, starker, bärtiger und hellhäutiger Mann mit grimmiger Miene dargestellt. Auf einigen Bildnissen hält er ein undefiniertes Objekt in die Höhe, welches eine stumpfe Waffe sein könnte (Lanczkowski 1989; Willis 1998, S. 240 ff.).

In der slawischen Mythologie kämpft der Donnergott *Perun* gegen die haarige, gehörnte Schlange *Veles*. Perun erscheint auf Bildnissen, Statuen und Ikonen stets blond, vollbärtig und muskulös-stämmig und trägt eine magische Axt in der Hand (Zdeněk 1992, S. 15 ff.)

In den baltischen Mythologien überwältigt der Donnergott *Pērkons* (lettisch), *Perkūnas* (litauisch) bzw. *Perkunis* (altpreußisch) einen drachenartigen Teufel namens *Velnias* mithilfe einer magischen Axt. Eine gemeinsame slawisch-baltische Wurzel gilt aufgrund der Wortähnlichkeiten als wahrscheinlich (Biezais 1975).

Der ugaritische Wettergott *Baal* bezwang den drachenartigen Meeresgott *Yamm*. Baal wird als stark und leicht erzürnbar beschrieben. Auf Abbildungen hält er eine Blitzkeule in der erhobenen rechten Hand und trägt einen Vollbart (◘ Abb. 1.5; Nguyen 2006).

Von vielen Mythologien ist zu wenig bekannt, um sie genau einordnen zu können. Aber die spärlichen Überlieferungen scheinen auch hier dem gleichen Strickmuster zu folgen. Bei den Kelten galt z. B. der Wettergott *Taranis* auch als Beschützer gegen Schlangen und er wird ebenso meist als starker, vollbärtiger Mann mit Wagenrad und Donnerkeil dargestellt (Weidner 2015, S. 180).

Es ist auffällig, dass die Wettergottheiten einen Hang dazu haben, andere Gottheiten zu entthronen, sodass sich schrittweise ein

◘ **Abb. 1.5**   Der ugaritische Wettergott Baal. Das Relief, welches zwischen dem späten 13. Jahrhundert und dem frühen 15. Jahrhundert vor Christus entstand, wurde 1930 in Ugarit (heute Ras Shamra in Syrien) von Claude Frédéric-Armand Schaeffer ausgegraben und befindet sich heute im Louvre. Baal hält ein Donnerkeil in seiner rechten und ein pflanzenartiger Blitzpfeil in seiner linken Hand. Unter ihm windet sich der Schlangengott Yamm. (Nguyen 2006)

■ **Abb. 1.6**   Herkules bekämpft den Drachen, Statue auf dem Karlsruher Schlossplatz. (Sot rov 2013)

quasimonotheistisches System um diese spirituelle Entitäten etabliert. So avancierten Zeus, Indra, Teschub, Tarhunna, Tarḫuwant, Trqqis, Marduk, Quetzalcoatl, Perun, Pērkons, Perkūnas, Perkunis, Baal und Taranis zum jeweiligen Hauptgott ihrer Kultur und sie verdrängten weitgehend die Verehrung anderer Gottheiten. Nur die germanische Mythologie macht hier eine Ausnahme. Hier behielt im Nordgermanien Odin bzw. in Südgermanien Wotan die größte spirituelle Aufmerksamkeit.

Schlangen- und Drachenkämpfer finden sich aber nicht nur in der antiken Götterwelt, sondern auch in zahlreichen Heldengeschichten wieder, bei denen der Held gottähnliche Züge trägt oder durch eine Apotheose nach dem Drachenkampf in den Himmel erhoben wird:

Bei den Griechen kämpft der Held *Herakles*[14] mit der neunköpfigen *Hydra*[15], einem mythologischen Drachenwesen. Er versucht, ihr die Hälse mit einer Keule durchzuschlagen, doch für jeden abgeschlagenen Kopf wachsen zwei neue nach. Erst mithilfe

der Fackeln seines Gefährten *Iolaos*[16] bezwingt er das Ungeheuer. Somit hat er die zweite von zwölf Aufgaben bewältigt. Am Ende wird er durch eine Apotheose in den Olymp erhoben (Stoll 1890, S. 2769 ff.). Auf griechischen Amphoren wird Herakles als groß, muskulös und bärtig mit lockigem Haupthaar dargestellt. Die alten Römer verehrten ihn unter dem Namen *Hercules* (■ Abb. 1.6).

Die Griechen kennen noch einen anderen Helden, der ein drachenähnliches Wesen bezwingt: *Perseus*[17] rettet *Andromeda*[18] vor den Klauen des Wasserungeheuers *Keto*[19] und heiratet sie danach. Am Ende seines Lebens werden Perseus mitsamt Andromeda und ihren Kindern als gleichnamige Sternbilder in einer Art Apotheose in den Himmel erhoben. Perseus hat auf Amphoren eine große und starke Statur mit Locken, allerdings meist ohne Bart. Auf griechischen Münzen und modernen Gemälden wird sein

---

14 Im Original: Ἡρακλῆς.
15 Im Original: Ὕδρα.

16 Im Original: Ἰόλαος.
17 Im Original: Περσεύς.
18 Im Original: Ἀνδρομέδα.
19 Im Original: Κητώ.

Abb. 1.7 Perseus, Triptychon von Max Beckmann aus dem Jahr 1941 (Mitte mit Andromeda und Keta). (Plus 1941)

Kopf dagegen meist mit Locken und Vollbart dargestellt (■ Abb. 1.7; Plus 1941).

Bei den Persern kämpft König *Ferêdûn*[20] mit dem dreiköpfigen und sechsäugigen Drachen *Zahhak*[21]. Ferêdûn werden wettergottähnliche Züge angedichtet, so soll er zunächst unsterblich gewesen sein und seine Feinde durch Winde in die Höhe gewirbelt und dort über Tage festgehalten haben Tafazzoli 2017). Das Thema „König gegen Drachen" taucht in verschiedenen Varianten immer wieder in der persischen Mythologie auf (■ Abb. 1.8).

Heldengeschichten mit einem ähnlichen Strickmuster finden sich auch in frühmittelalterlichen Ritterepen, wie bei *Siegfried* in der Nibelungensage, der den Drachen *Fafnir* mit dem magischen Schwert *Balmung* besiegt und in seinem Blut badet (Behmel 2001). In einem frühmittelalterlichen Epos aus England tötet der starke skandinavische Ritter *Beowulf* erst das Monster *Grendel* mithilfe seines magischen Schwertes und danach einen feuerspeienden Drachen. Die Helden der Ritterepen werden – ähnlich wie die Wettergötter – als groß, muskulös, blond, durch weibliche Reize leicht entflammbar, unbeherrscht und gleichzeitig großzügig mit einem infantilen Gemüt beschrieben.

Auch bei christlichen Erzählungen treten Mythen und Erzählungen auf, die dem Strickmuster eines starken, mächtigen Charakters, der gegen einen Drachen kämpft, folgen. Die wohl bekannteste dieser Geschichten ist diejenige des christlichen Drachentöters *St. Georg*, der heiliggesprochen wurde, was einer Apotheose ähnelt (■ Abb. 1.9 und 1.10).

Im mittelalterlichen Metz kämpft der Bischof *Clemens* angeblich erfolgreich gegen den Drachen *Graoully*, der ein Amphitheater unsicher macht. Auch er wurde heiliggesprochen. Seine körperliche Stärke wird nur indirekt ersichtlich, da er es schafft, den Drachen an seiner Stola aus der Stadt zu ziehen (Michelin 2006).

In der biblischen Offenbarung des Johannes kämpft der mächtige *Erzengel Michael* mit einem großen feuerroten, siebenköpfigen Schlangendrachen, der den Teufel

---

20 Im Original: فريدون.

21 Im Original: ذهّاك/ضخّاك.

■ **Abb. 1.8** Der König Bahrām Gūr kämpft mit einem Drachen. Illustrierte Seite aus dem persischen *Buch der Könige Schāhnāme.* (Schāhnāme 1370)

◘ Abb. 1.9 Sankt Georg im Kampf mit dem Drachen, Statue in der gleichnamigen katholischen Pfarrkirche in Wasserburg (Bodensee). (Rufus46 2015)

◘ Abb. 1.10 Sankt Georg im Kampf mit dem Dachen, modernes Mosaik am Gemeindehaus der katholischen Sankt Antonius-Kirche in Pfungstadt. (Künstler und Erzeugungsjahr unbekannt, aufgenommen von Tobias C. Breiner)

symbolisiert. In der neutestamentarischen Offenbarung 12:7 nach Johannes steht:

> » Im Himmel entbrannte ein Kampf; Michael und seine Engel erhoben sich, um mit dem Drachen zu kämpfen. Der Drache und seine Engel kämpften, aber sie konnten sich nicht halten, und sie verloren ihren Platz im Himmel. Er wurde gestürzt, der große Drache, die alte Schlange, die Teufel oder Satanas heißt und die ganze Welt verführt; der Drache wurde auf die Erde gestürzt, und mit ihm wurden seine Engel hinabgeworfen.

Der *Erzengel Michael* wird in der Ikonografie meist als Hüne mit blondem, langem, lockigen Haar und mächtigen Flügeln dargestellt. Er thront dabei majestätisch über den Wolken und hält ein Flammenschwert in seinen Händen.

Auch im Alten Testament und in der Thora findet sich diese Charakterbeschreibung, diesmal für Gott selbst. Nach Psalm 74:13–14 schlägt Gott höchstpersönlich dem Drachen *Leviathan* den Kopf ab:

> » Du hast das Meer gespalten durch deine Kraft, zerschmettert die Köpfe der Drachen im Meer. Du hast dem Leviatan die Köpfe zerschlagen und ihn zum Fraß gegeben dem wilden Getier.

Nach Psalm 89:11 wird auch *Rahab*, ein Doppelgänger von Leviathan, von Gott getötet:

> » Du hast Rahab zu Tode geschlagen und deine Feinde zerstreut mit deinem starken Arm.

In Jesaja 27:1 steht:

> » Zu der Zeit wird der Herr heimsuchen mit seinem harten, großen und starken Schwert den Leviatan, die flüchtige Schlange, und den Leviatan, die gewundene Schlange, und wird den Drachen im Meer erwürgen.

Die alttestamentarische Beschreibung von Gott als Drachentöter ähnelt auffällig derjenigen von Wettergöttern, die sich zum spirituellen Alleinherrscher erhoben haben und zum Kern einer monotheistischen Weltreligion wurden. Der alttestamentarische Gottescharakter, der auf der einen Seite großzügig sein und auf der anderen Seite auch in Zorn geraten kann, stimmt damit überein. Das neutestamentarische Gottesbild weicht allerdings davon signifikant ab und muss gesondert betrachtet werden (▶ Abschn. 2.2).

Die Wettergott-Drachentöter-Charaktere finden sich nicht nur im indogermanischen Raum, sondern auch in asiatischen Kulturen wie Japan, Korea oder China sowie in indianischen Kulturen wie den alten Azteken. Allerdings fokussieren sich die asiatischen und indianischen Kulturen nicht nur auf die negativen Aspekte von Drachen. Oft verschmilzt dort der Wettergott mit dem Drachen selbst, anstatt ihn zu besiegen. Ein Beispiel dafür sind die Nagas, die mächtigen Drachen- und Schlangengötter, die in verschiedenen Kulturen des ostasiatischen Raums zu finden sind, der Wetter-Drachen-Gott *Ryūjin*[22] im japanischen Raum, der Wettergott *Lei Gong*[23], der eine Chimäre aus Mensch, Vogel und Drachen ist, oder bei den Azteken der schon besprochene Gott *Quetzalcoatl*, der meist als gefiederte Schlange dargestellt wird.

Vajrapani bzw. *phyag na rdo rje*[24] – einer der acht *Bodhisattwas*[25] im tibetischen Buddhismus – ist ein weiteres Beispiel eines solchen asiatischen Wettergottes, welcher sich mit der Drachenkraft vereinigt hat. Insbesondere in antiken Darstellungen wird er als stämmiger, muskulöser Mann mit Locken, einem Vollbart, einer großen Flammenkeule und einem zornigen Gesicht dargestellt (◘ Abb. 1.11). Er wurde im frühen Buddhismus als Nebengottheit verehrt, die über Regen und Gewitter herrschte. In den Mythologien des verwandten chinesischen Buddhismus hat Vajrapani über

---

22 Im Original: 龍神.

23 Im Original: 雷公.

24 Im Original: ཕྱག་ན་རྡོ་རྗེ.

25 Im Original: बोधिसत्त्व.

1

◘ Abb. 1.11 Buddha (links vorne) und Vajrapani (rechts hinten), Steinrelief aus dem 2. Jahrhundert nach Christus. (Cir 2005)

eine drachenartige Schlange gesiegt und sich danach ihre Kraft einverleibt. Auf spätmittelalterlichen Darstellungen Tibets hat er vier Arme, ein drittes Auge, eine Flammenaura und eine Blitzwaffe. Er gebietet über die Schlangenkraft und trägt daher auf vielen Abbildungen Schlangen um seinen Hals. Trotz seiner zornigen Mimik wird er im Buddhismus als positiv angesehen, da er einer der Beschützer Gautama Buddhas ist (Getty 1914, S. 42 ff.)

Aber auch im asiatischen Raum gibt es den klassischen Typus eines Drachentöter-Wettergotts, wie er in den westlichen Mythologien auftritt:

So existiert im frühmittelalterlichen Japan der Windgott *Susanoo*[26]. Dieser rettet eine Jungfrau vor einem Drachen, der acht Köpfe, acht Schwänze und kirschrote Augen hat. Dazu benutzt Susanoo sein magisches Schwert *Totsuka-no-Tsurugi*[27]. Er schlägt dem Drachen erst alle acht Köpfe ab und zerstückelt danach die acht Schwänze

---

26   Im Original: 須佐之男 (スサノオ).
27   Im Original: 十拳剣.

des Meeresungeheuers, wobei er in der vierten Schwanzspitze ein weiteres magisches Schwert findet. Als Dank bekommt er die Erlaubnis, die errettete Jungfrau, welche die Tochter des Erdgottes ist, zu heiraten. Auf kalligrafischen Bildern erscheint Susanoo mit zornig-wilden Augen, wirrem Haar, einem frisierten Vollbart und einem Schwert, aus dem gelbe Flammen züngeln (◘ Abb. 1.12; Kuniyoshi 1829; Naumann 2011).

1.3.2   Beispiel Drachen

Nicht nur der Wettergott, sondern auch die Drachen bzw. die Schlangen werden in verschiedenen Mythologien ähnlich beschrieben:

So beißt sich die altägyptische Drachenschlange *Ouroboros* selbst in ihren Schwanz und bildet damit einen weltumspannenden Kreis.

Das Gleiche macht – der Snorra-Edda zufolge – die weltumspannende *Midgardschlange* in der nordgermanischen Mythologie.

Die *Kundalini* im indischen Raum wird – wenn sie nicht gerade erweckt ist und entlang der Chakren hochwandert – ebenfalls als Schlange beschrieben, die sich in ihren eigenen Schwanz beißt. Sie bildet zwar keinen Weltenkreis wie Ouroboros oder die Midgardschlange, aber sie soll die Quelle der Sexual- und Lebenskraft sein.

Auch in den südostasiatischen *Kirtimukhas* wird ein sich selbst verschlingender Drache beschrieben.

1.3.3   Beispiel Schicksalsgöttinnen

Ein anderes Beispiel für miteinander verwandte Gottheiten sind die stets in einer Trinität auftretenden *Schicksalsgöttinnen*, von der jeweils eine erschaffend, eine erhaltend und eine zerstörend ist. Diese Schicksalsgöttinnen sind in vielen Kulturen die einzigen Entitäten, die mächtiger als der jeweilige Wettergott sind und ihm dadurch

□ **Abb. 1.12** Der japanische Windgott Susanoo im Kampf mit dem achtköpfigen Wasserdrachen. Zeichnung (vermutlich aus dem Jahr 1829) von Utagawa Kuniyoshi (Im Original: 歌川国芳) (1798–1861). (Kuniyoshi 1829)

befehlen können (Weidner 2015, S. 39 ff.). So gibt es:

- im römischen Raum die drei **Parzen** *Nona, Decima* und *Parca,*
- in der griechischen Mythologie die drei **Moiren** *Klotho, Lachesis* und *Atropos* (Weidner 2015, S. 59 ff.) und
- die drei **Graien** *Pemphredo, Enyo* und *Deino* (Weidner 2015, S. 84),
- im Nordgermanischen die drei **Nornen** *Urd, Verdandi* und *Skuld,*
- im Südgermanischen die drei **Raunenden** mit unbekannten Namen,
- im Slawischen die drei **Zorya** *Utrennyaya, Vechernyaya* und *Polunotschnaya,*
- bei den Wenden die drei **Rodjanitza** *Swetice, Rucka* und *Keltna,*
- im Keltischen die drei **Bethen** *Wilbeth, Ambeth* und *Borbeth,*
- im indischen Raum die drei **Trimurtis** *Brahma, Visnu* und *Shiva* (Brahma und Visnu bilden dahingehend eine Ausnahme, da sie männlich sind),
- Im japanischen Raum die drei **Munakata-Göttinnen** *Ichikishima Hime-no-Kami*[28], *Tagitsu Hime-no-Kami*[29] und *Tagori Hime-no-Kami*[30],
- in der katholischen Kirche die drei **Heiligen Frauen** *Margarethe, Barbara* und *Katharina.*

1.3.4 Beispiel Gottheiten

Die hier beschriebenen interkulturellen Gemeinsamkeiten in den Mythologien beschränken sich nicht auf den Wettergott, den Drachen als Widersacher und die drei Schicksalsgöttinnen als Beherrscherinnen des Wettergottes, sie finden sich auch bei anderen Gottheiten:

So wurden beispielsweise der römische Gott *Mars,* der griechische Gott *Ares* und der

---

28 Im Original: 市杵島姫神.
29 Im Original: 湍津姫神.
30 Im Original: 田心姫神.

germanische Gott *Tyr* ähnlich beschrieben: Sie sind in allen drei Kulturkreisen männlich, groß, aggressiv, kriegerisch, mutig bis leichtsinnig, Zudem werden sie jeweils mit der Farbe Rot assoziiert und mit phallischen Waffen und Rüstungen dargestellt. Auch die jeweiligen Mythen, die sich um diese Götter ranken, ähneln sich.

Ähnlich ist es mit der römischen Göttin *Venus,* der griechischen Göttin *Aphrodite* oder der germanischen Göttin *Freia.*

◻ Tab. 1.1 zeigt weitere Beispiele für antike Götter bzw. Halbgötter, deren Mythen jeweils Parallelen aufweisen.

1.4 Ursachen interkultureller Parallelen in den Mythologien

Das Auftreten von einander ähnlichen Göttern und Heldenbeschreibungen in verschiedenen antiken und frühmittelalterlichen Kulturen und ihre Gemeinsamkeiten in den jeweiligen Mythen ist sehr auffällig. Diese Parallelen sind unmöglich durch Zufall erklärbar.

Eine gemeinsame indogermanische Wurzel wird bei vielen Mythen diskutiert. Sie ist jedoch – von Ausnahmen abgesehen – unwahrscheinlich, da in den meisten Fällen keine etymologischen Zusammenhänge zwischen den Namen der jeweiligen Götter und Helden zweier indogermanischer Kulturräume zu finden sind.

In manchen Fällen ist solch eine Wurzel sogar unmöglich, wenn die Mythologien nicht dem indogermanischen Kulturraum angehören. So findet man ähnliche Mythologien bei den Ägyptern, den Inuit oder den Maya.

Die Ähnlichkeiten können aber auch nicht allein durch kulturellen Austausch erklärbar sein, da Parallelen auch in Kulturräumen auftreten, die nach heutigem Wissensstand keine oder nur punktuelle Berührungspunkte hatten, beispielsweise zwischen Azteken und Griechen oder zwischen Germanen und Japanern. Selbst wenn es einen solchen Austausch

gegeben hätte, würden sich die Gemeinsamkeiten auch in der Namensgebung finden, was aber nicht der Fall ist.

Die einzige schlüssige Erklärung für dieses Phänomen ist, dass verschiedene Kulturen aufgrund der Gemeinsamkeiten in der menschlichen Psyche parallel und unabhängig voneinander jeweils ähnliche Mythologien entwickelten. Diese Gemeinsamkeiten sind eines der stärksten Indizien für das tatsächliche Vorhandensein entsprechender archaischer psychischer Entitäten.

> ❯ **Es gibt auffällige Parallelen zwischen verschiedenen Heiligen-, Helden- und Götterbeschreibungen. Dies gilt auch über Kulturgrenzen hinweg. Bei vielen Parallelen ist es unwahrscheinlich, dass sie auf reinem Zufall, einer gemeinsamen Wurzel oder kulturellem Austausch basieren. Die einzige schlüssige Erklärung ist, dass sie sich infolge der bei allen Menschen ähnlichen Psyche konvergent entwickelt haben.**

1.5 Archetypenlehren

Um einen tiefenpsychologisch wirksamen Charakter für eine Handlung zu entwerfen, ist es unabdingbar, das Konzept der sognannten Archetypen zu verstehen. Dies soll in den folgenden Unterabschnitten geschehen. Dabei werden die wichtigsten Archetypenlehren in ihrem geschichtlichen Ablauf gegenübergestellt.

Archetypen sind zwar immer noch unbewiesen und daher psychologisch umstritten, sie werden aber trotzdem von professionellen Charakterentwicklern erfolgreich verwendet. Die Erfahrungswerte zeigen, dass Archetypen wirken: Diejenigen Geschichten, bei denen die Archetypenlehre berücksichtigt wurde, haben eine hohe Erfolgsquote, während diejenigen Handlungen, bei denen die Archetypenlehre ignoriert wurde, nur eine geringe Akzeptanz erfahren.

☐ Tab. 1.1 Einige antike Götter in verschiedenen Kulturkreisen und ihre Ähnlichkeiten

Hauptfunktion	Römischer Gott	Griechischer Gott	Germanischer Gott	Keltischer Gott	Ägyptischer Gott
Sonnengott	Sol invictus	Helios	Sunna	Lugh	Aton, Ra
Mondgöttin	Luna	Selene	Mani	Arianrhod	Isis
Lichtgott	Apollo	Apollon	Baldur		Horus
Gott des Intellekts	Merkur	Hermes	Odin (Wotan)	Teutates	
Kriegsgott	Mars	Ares	Tyr (Tiuz, Tiwaz, Teiwaz, Tiw, Tiu, Ziu)	Alator, Andossus, Barrex, Britus, Camulos	Reschef
Liebesgöttin	Venus	Aphrodite	Freya	Rhianon, Oengus	Hathor
Wettergott	Jupiter	Zeus	Thor (Donar)	Taranis	
Zeitgott	Saturn	Chronos	Heimdall		Chons
Himmelsgott	Uranus	Uranos			Nedjitef
Meeresgott	Neptun	Poseidon	Njörd	Bedalus. Lir	Yam
Unterweltgott	Pluto	Hades		Pwyll, Donn	Anubis, Cherti
Unterweltgöttin	Proserpina	Persephone	Hel	Aericura	
Chaosgott		Chaos	Loki	Lugh, Lugus	Apophis, Seth
Ehegöttin	Juno	Hera	Frigg		
Jagdgöttin	Diana	Artemis	Skadi		
Sexgott	Eros	Cupido	Freir	Aengus	Min
Gott der Extase	Bacchus	Dionysos			
Feuer- und Schmiedegott	Vulcanus	Hephaistos		Cobanus	
Herdfeuer-Göttin	Vesta	Hestia	Grid		
Jugendgöttin	Juventas	Hebe	Idun	Chensit	Wosret
Gott der Gesundheit	Salos	Hygieia		Jovantucarus	
Erdgöttin	Tellus	Gaia	Jörd	Tailtiu, Dana	
Gott der Fruchtbarkeit	Priapus	Pan	Fol	Sucellus, Cernunnos	Amenemope
Göttin der Fruchtbarkeit	Ceres	Demeter	Folla	Anu	
Gott des Schlafes	Mors	Thanatos			

(Fortsetzung)

1

❑ **Tab. 1.1**   (Fortsetzung)

Hauptfunktion	Römischer Gott	Griechischer Gott	Germanischer Gott	Keltischer Gott	Ägyptischer Gott
Nachtgöttin	Nox	Nyx	Nott		Kekel
Frühlingsgöttin	Flora		Ostara		
Wissensgott			Mimir		Sechat

1.5.1 Archetypenlehre Carl Gustav Jungs

Die Gemeinsamkeiten in den antiken und mittelalterlichen Mythologien, die im letzten Abschnitt exemplarisch behandelt wurden, sind auch Carl Gustav Jung (1875–1961) aufgefallen. Sie wurden von ihm erstmals umfangreich erforscht. Er entdeckte, dass sich Ähnlichkeiten nicht nur in den Mythologien unterschiedlichster Kulturen finden lassen, sie tauchen auch in Märchen, Träumen, Phantasien, Kunstgebilden, Visionen und Wahngebilden auf (Jung 1995, 11 § 5).

Jung vermutete eine psychologische Ursache für das Auftreten dieser narrativen Gemeinsamkeiten. Sie würden auf Urideen der Menschheit beruhen, die meistens auf Götter, Sagengestalten oder andere fiktive Personen projiziert würden, in seltenen Fällen auch auf Fabeltiere, Pflanzen oder andere Objekte.

Diese Urbilder wurden von ihm *Archetypen* genannt. Sie entwickelten eine unwillkürliche emotionale Kraft, das *Numinosum*. Das Numinosum sei oft mächtiger als der menschliche Wille, insbesondere, da der Mensch der archetypischen Kraft nicht bewusst gewahr werde.

Jung entnahm den Ausdruck „Archetypen" dem *Corpus Hermeticum* sowie der Schrift des Dionysius Areopagita *De divinis nominibus*. Besonders auch die Schriften des Hl. Augustinus *idea principales* beeinflussten die Wahl des Wortes.

Die Archetypen unterscheiden sich laut Jung von Kulturraum zu Kulturraum nur durch ihre Namen und ihre genauen Ausprägungen, aber nicht in ihren spezifischen psychologischen Funktionen. Archetypen sind somit kulturübergreifend, allerdings konzentrieren sich verschiedene Kulturen oft auf unterschiedliche Aspekte derselben.

Ein wissenschaftliches Erklärungsmodell, wie Archetypen entstehen, liefert Jung nicht. Er bemüht daher ein ominöses *kollektives Unterbewusstsein,* heute meist als *kollektives Unbewusstes* bezeichnet, welches allen Menschen auf der Erde gemein sei (Jung 2001).

Dieses kollektive Unbewusste sah er als *„zweites psychisches System, von kollektivem, nicht-persönlichem Charakter"* (Jung 1995, 9/1 § 92) an. Er maß ihm neben dem persönlichen Unterbewusstsein eine wichtige Rolle zu.

Nach Jung ist das kollektive Unbewusste geschichtet, wobei das persönliche Unbewusste in Richtung der Tiefe gefolgt wird vom Bereich der Emotionen, Affekte und primitiven Triebe und schließlich von einem Bereich mit Inhalten, die aus der tiefsten, niemals ganz bewusst zu machender Mitte unseres Unbewussten hervorbrechen und einen autonomen Charakter annehmen können. Dies ist in Neurosen, Psychosen, vielfach auch in Visionen und Halluzinationen schöpferischer Geister der Fall.

Die Tatsache, dass er die Existenz dieses kollektiven Unbewussten nicht beweisen konnte, brachte ihm viel Skepsis unter Psychologen ein, die ihm eine Nähe zum Mystizismus vorwarfen. Jung konterte:

>> [Obwohl der] Vorwurf des Mystizismus oft gegen meine Auffassung erhoben wurde, muß ich noch einmal betonen, daß

der Begriff des kollektiven Unbewußten weder eine spekulative noch eine philosophische, sondern eine empirische Angelegenheit ist! (Jung 1995, 9/1 § 92).

Trotz dieses Einwands ist durch den Umstand, dass bis heute kein befriedigendes naturwissenschaftliches Modell für die Entstehung der Archetypen existiert und sie infolgedessen auch nicht quantitativ erfassbar sind, ihre Erforschung in der Psychologie weitgehend zum Erliegen gekommen. In der Ethologie sowie den Erzähl- und Filmwissenschaften werden Archetypen dagegen immer noch als Einzelfallstudien akademisch exploriert.

In vorliegender Arbeit werden Archetypen nicht nur im engeren Sinn als den tiefsten Schichten des kollektiven Unbewussten zugeordnet behandelt, sondern im erweiterten Sinn als archetypische Erscheinungen, die auf dem Hintergrund der Einflussnahme kollektiver Kräfte wirksam werden.

> **Laut C. G. Jung sind Archetypen Urbilder der Seele, die durch das kollektives Unbewusste allen Menschen gemein sei. Er liefert aber dafür kein naturwissenschaftliches Erklärungsmodell.**

1.5.2 Archetypenlehre Campbells und Voglers

Joseph Campbell und Christopher Vogler haben die Archetypenlehre von Carl Gustav Jung auf die Literatur- und Filmwissenschaften übertragen. Campbell lieferte die Vorarbeiten, wurde aber zunächst nur in akademischen Kreisen bekannt. Das Buch Voglers, welcher Campbell aufgreift und seine Lehren modifiziert und populärwissenschaftlich aufbereitet, wurde ein Bestseller und ist mittlerweile Standardlektüre bei US-amerikanischen Drehbuchautoren (Vogler 1997; Campbell 1994, 1999).

Heutzutage ist fast jeder Hollywoodfilm bewusst nach den Lehren von Vogler und Campbell – und somit indirekt nach Carl Gustav Jung – optimiert (Krützen 2011).

Berühmte Regisseure, welche die Archetypenlehre als Hauptbestandteil ihres Filmdesigns machten und machen, sind Alfred Hitchcock, Stanley Kubrick, Steven Spielberg, George Lukas und Rolland Emmerich (Vogler 1997; Hofelich 2017; Johanus 2012).

Auch angelsächsische Autorinnen wie Suzanne Collins (Die Tribute von Panem) oder Joanne K. Rowling (Harry Potter) wenden bewusst die Lehren Campbells und Voglers an und haben damit augenscheinlich Erfolg (Hofelich 2017; Johanus 2012).

> **Nahezu jeder US-amerikanische Film ist nach Voglers Archetypenlehre entworfen. Ähnliches gilt auch für erfolgreiche Romane aus dem angelsächsischen Raum.**

Die Archetypenlehren von Jung, Campbell und Vogler werden mittlerweile auch im Game-Design berücksichtigt. Insbesondere in vielen *Erzählspielen* (adventure games), *Rollenspielen* (role playing games, RPG) und *Parallelweltspielen* (open world games) wird mittlerweile absichtlich auf Archetypen zurückgegriffen. So heißt beispielsweise der Held des Spieles „Grand Theft Auto IV" „Niko Bellic", was eine Anspielung auf die griechische Göttin des Sieges „Nike" und das lateinische Wort für „Krieg" ist, oder beim Erzählspiel „Ankh" gibt es viele Archetypen, die aus der ägyptischen Götterwelt entlehnt sind.

Fazit

Im Vorfeld des Handlungsentwurfs sollten zuerst Charakterbeschreibungen erstellt werden. Diese sollten möglichst ausführlich sein. Dafür kann die im vorliegenden Buch befindliche Checkliste verwendet werden.

Die handelnden Figuren können gemäß ihrem Stellenwert innerhalb der Geschichten in Protagonisten, Deuteragonisten, Tritagonisten unterteilt werden. Die Gegenspieler dieser Figuren werden als Antagonisten bezeichnet. Dabei haben sich bei diesen Bezeichnungen Bedeutungswandel gegenüber ihrer antiken Verwendung vollzogen.

1

Für Charaktere wird in Literatur-, Film-, Fernseh- und Spieleindustrie auf die Archetypenlehre Campbells und Voglers zurückgegriffen. Diese basiert auf der Archetypenlehre Carl Gustav Jungs. Die Wirkung von Archetypen ist zwar nicht empirisch-analytisch bewiesen, vieles spricht jedoch für deren Gültigkeit.

Literatur

Aristoteles. (1976). *Poetik*. (ca. 335 v. Chr.) übers. M. Fuhrmann. München: Reclam.

Bell, T. (16.12.2012). *The Getty Zeus*. Foto unter Creative Commons CC-BY 2.0 (Creative Commons 2017a). ► https://www.flickr.com/photos/tylerbell/8288779376/sizes/o/. Zugegriffen: 28. Okt. 2017.

Behmel, A. (2001). *Das Nibelungenlied – Ein Heldenepos in 39 Abenteuern*. Stuttgart: Ibidem-Verlag.

Biezais, H. (1975). *Baltische Religion*. Stuttgart: Kohlhammer.

Campbell, J. (1994). *Die Kraft der Mythen. Bilder der Seele im Leben des Menschen*. Zürich: Artemis & Winkler.

Campbell, J. (1999). *Der Heros in tausend Gestalten*. Frankfurt: Insel-Verlag.

Cir, M. (2005). *Buddha und Vajrapani*. Photo eines Reliefs aus dem Britischen Museum unter der Lizenz CC-BY 3.0 (Creative Commons 2017b). ► https://commons.wikimedia.org/wiki/File:Buddha-Vajrapani-Herakles.JPG. Zugegriffen: 18. Okt. 2017.

Creative Commons (2017a). *Creative Commons-Lizenz CC BY 2.0*. ► https://creativecommons.org/licenses/by/2.0/legalcode. Zugegriffen: 07. Sept. 2017.

Creative Commons (2017b). *Creative Commons-Lizenz CC BY 3.0*. ► https://creativecommons.org/licenses/by/3.0/legalcode. Zugegriffen: 07. Sept. 2017.

Creative Commons (2017c). *Creative Commons-Lizenz CC BY-SA 3.0. (Attribution-ShareAlike 3.0 Generic)*. ► https://creativecommons.org/licenses/by-sa/3.0/deed.en. Zugegriffen: 10. Okt. 2017.

Plus, C. (1941). *Perseus und Andromeda*. Bild unter CC BY 2.0 (Creative Commons 2017a). ► https://www.flickr.com/photos/centralasian/6792691123/in/photolist-bmfjqc. Zugegriffen: 15. Okt. 2017.

Doepler, E. (1905). *Thor und die Midgardschlange*. Bild unter Public Domain. ► https://commons.wikimedia.org/wiki/File:Thor_und_die_Midgardsschlange.jpg. Zugegriffen: 15. Okt. 2017.

Getty, A. (1914). *The gods of northern buddhism: Their history and iconography*. Courier Corporation. Oxford. ► https://archive.org/details/northern-buddhism00gettuoft. Zugegriffen: 18. Okt. 2017

Haas, V., & Koch, H. (2011). *Religionen des alten Orients: Hethiter und Iran*. Göttingen: Vandenhoeck & Ruprecht.

Hofelich, M. (14.07.2017). *Heldenreise im Kino: Star Wars, Herr der Ringe und Harry Potter*. ► https://www.sinndeslebens24.de/mythos-heldenreise-inspiration-aus-joseph-campbells-klassiker-der-heros-in-tausend-gestalten. Zugegriffen: 22. Okt. 2017.

Illerhaus, F. (2011). *Marduks Kampf gegen das Chaos-Ungeheuer Tiamat. Darstellungen des babylonischen Schöpfungsmythos und die Vielfalt der Deutungen*. München: Grin-Verlag.

Jansoone, G. (23.04.2007). *Museum of Anatolian Civilizations082 kopie1jpg*. Bild unter CC BY-SA 3.0 (Creative Commons 2017d). ► https://upload.wikimedia.org/wikipedia/commons/6/6b/Museum_of_Anatolian_Civilizations082_kopie1jpg.jpg. Zugegriffen: 10. Okt. 2017.

Johanus, M. (06.14.2012). Wieso manche Storys erfolgreicher sind als andere. ► https://marcusjohanus.wordpress.com/2012/06/14/wieso-manche-storys-erfolgreicher-sind-als-andere/. Zugegriffen: 22. Okt. 2017.

Jung, C. G. (1995). *Gesammelte Werke*. Düsseldorf: Walter-Verlag.

Jung, C. G. (2001). *Archetypen* (10. Aufl.). München: Deutscher Taschenbuch.

Krützen, M. (2011). *Dramaturgie des Films – Wie Hollywood erzählt* (3. Aufl.). Fischer.

Kuniyoshi, U. (ca. 1829). *Dragon Susanoo no mikoto and the water dragon*. Bild unter Public Domain. ► https://commons.wikimedia.org/wiki/File:Dragon_Susanoo_no_mikoto_and_the_water_dragon.jpg. Zugegriffen: 10. Okt. 2017.

Lanczkowski, G. (1989). *Die Religionen der Azteken. Maya und Inka. Wiss*. Darmstadt: Buchges.

Michelin. (2006). *Michelin. Der grüne Reiseführer. Elsass Lothringen*. München : Travel House Media.

Naumann, N. (2011). *Die Mythen des alten Japan*. Köln: Anaconda.

Nguyen, M. -L. (2006). *Baal with Thunderbolt or the Baal stele*. Foto unter Public Domain. ► https://commons.wikimedia.org/wiki/File:Baal_thunderbolt_Louvre_AO15775.jpg. Zugegriffen: 19. Okt. 2017.

Rufus46. (26.08.2015). *Bild des Bayerischen Baudenkmals mit der ID D-7-76-128-3*. Lizenz unter CC BY-SA 3.0 (Creative Commons 2017d). ► https://commons.wikimedia.org/wiki/File:Drachenkampf_Sankt_Georg_Wasserburg_(Bodensee)-1.jpg. Zugegriffen: 10. Okt. 2017.

Schāhnāme. (1370). *Bahram Gur's Combat with the Dragon Shah-nama. Shiraz, 1370. Hazine 1151, folio 206b*. Bild unter Public Domain. ► https://commons.wikimedia.org/wiki/File:SchoolOfTabriz10.jpg. Zugegriffen: 04. Juli 2018.

Sigurðsson, J. (1765). *Thor and Jörmungandr.* Bild unter Public Domain. ► https://commons.wiki-media.org/wiki/File:S%C3%81M_66,_79v,_Thor_and_J%C3%B6rmungandr.jpg. Zugegriffen: 15. Okt. 2017.

Stoll, H. W. (1890). Hydra. In W. H. Roscher (Hrsg.), *Ausführliches Lexikon der griechischen und römischen Mythologie.* Leipzig.

Sotirov, M. (10.02.2013). *Herkules.* Photo unter Creative Commons CC-BY 2.0 (Creative Commons 2017a). ► https://www.flickr.com/photos/42200800@N04/8461152777/sizes/l. Zugegriffen: 18. Okt. 2017.

Tafazzoli, A. (2017). *King Ferêdûn.* ► http://www.cais-soas.com/CAIS/Mythology/freydun.htm. Zugegriffen: 11. Okt. 2017.

Vogler, C. (1997). *Die Odyssee des Drehbuchschreibers (The Writer's Journey) – Über die mythologischen Grundmuster des amerikanischen Erfolgkinos.* Frankfurt a. M.: Zweitausendeins.

Weidner, C. A. (2015). *Die Enzyklopädie der Mythologie.* Fränkisch-Crumbach: Tosa.

Willis, R. (1998). *Mythen der Welt.* Gütersloh: Bertelsmann-Verlag.

Zdeněk, V. (1992). *Mythologie und Götterwelt der slawischen Völker. Die geistigen Impulse Ost-Europas.* Stuttgart: Urachhaus.

Narrative Archetypen

© Springer-Verlag GmbH Deutschland, ein Teil von Springer Nature 2019
T. C. Breiner, *Psychologie des Geschichtenerzählens,* https://doi.org/10.1007/978-3-662-57862-9_2

2

Vogler unterscheidet folgende Archetypen (Vogler 1997; Hofelich 2017):

- *Held* (hero),
- *Mentor* (mentor),
- *Schatten* (shadow),
- *Gestaltwandler* (shapeshifter),
- *Schwellenhüter* (threshold guardian),
- *Herold* (herald),
- *Gefährte* (ally),
- *Trickster* (trickster).

Vergleichen wir diese Archetypen mit denjenigen der antiken Götterwelt, so fällt auf, dass sie nicht übereinstimmen.

Während Erstere durch ihre jeweilige narrative Funktion definiert werden, werden Letztere durch ihre gemeinsamen Assoziationen und ihre Charakterattribute beschrieben. Es kann daher zwischen *narrativen Archetypen* und *assoziativen Archetypen* unterschieden werden.

Assoziative und narrative Archetypen sind nicht unabhängig voneinander zu betrachten, so eignen sich bestimmte assoziative Archetypen besser für narrative Archetypen als andere.

Beispielsweise eignet sich der assoziative Archetyp, der mit den antiken Unterweltgöttern wie Hades und Pluto in Verbindung steht, besonders für den narrativen Archetyp des Schattens, da er ja schließlich auch über ein Schattenreich herrscht, und der Archetyp, welcher den Göttern Hermes, Merkur, Odin oder Wotan entspricht, eignet sich besonders für Tricksterfiguren, da er sich durch Ambiguität, Polyvalenz und Anomalie auszeichnet.

Betrachten wir die narrativen Archetypen bei Vogler, so können wir den Gefährten auch als Nebenhelden interpretieren, sodass ihm kein eigener Archetyp entspricht. Zusätzlich fällt auf, dass der Held als einziger Archetyp zwingend in jeder Geschichte vorkommen muss. Schatten und Mentor kommen fast in jeder Geschichte vor, Schwellenhüter in sehr vielen Geschichten, Gestaltwandler, Herold und Trickster werden dagegen nur ab und zu auftauchen. Somit gibt es unterschiedliche

Wichtigkeitsgrade innerhalb der narrativen Archetypen:

- Held (Wichtigkeitsgrad 1),
- Mentor (Wichtigkeitsgrad 2),
- Schatten (Wichtigkeitsgrad 2),
- Schwellenhüter (Wichtigkeitsgrad 3),
- Gestaltwandler (Wichtigkeitsgrad 4),
- Herold (Wichtigkeitsgrad 4),
- Trickster (Wichtigkeitsgrad 4).

Die Archetypen des Wichtigkeitsgrades 1 und 2, also Held, Mentor und Schatten, können auch als *Hauptarchetypen* bezeichnet werden, da sie zwingend in jeder Geschichte vorkommen sollten. Die anderen Archetypen sind optional und daher *Nebenarchetypen*.

Die narrativen Archetypen werden in den folgenden Abschnitten detailliert besprochen.

> **Der wichtigste narrative Archetyp ist der Held, Mentor und Schatten der zweitwichtigste. Weitere narrative Archetypen sind Schwellenhüter, Gestaltwandler, Herold und Trickster.**

2.1 Helden

Die Heldin bzw. der Held ist als Protagonist der wichtigste Charakter. Mit dem Helden soll sich der Leser, Zuhörer, Spieler oder Zuschauer identifizieren, gemeinsam die Handlung vorantreiben und zu einem guten Ende führen. Der Held repräsentiert somit im Freud'schen Sinne das „Ich".

Ist der Held in einem Computerspiel für die Zielgruppe ungeeignet, kann der Spieler nicht in die Spielhandlung eintauchen. Wird zum Beispiel ein männlicher Held für eine weibliche Zielgruppe verwendet, ein zu alter Held für eine jugendliche Zielgruppe oder einfach ein Held mit unsympathischen Gesichtszügen, wird das gesamte Spielkonzept unbrauchbar und obsolet. Daher ist die sinnfällige Beschreibung des Helden das elementare Herzstück des Game-Designs.

Ähnliches gilt für Literatur und Film.

> **Helden repräsentieren das Ich.**

2.1.1 Superhelden

Superhelden sind spezielle Helden, welche eine übernatürliche Fähigkeit besitzen. Sie werden im Game-Design besonders gerne verwendet, unter anderem, da sich die Anlage durch entsprechende Partikeleffekte optisch gut umsetzen lässt.

Im Folgenden werden einige Beispiele für bekannte Superhelden aus Mythen, Filmen und Games aufgelistet, zusammen mit ihren besonderen Befähigungen:

— Herkules (übermenschliche körperliche Kräfte),
— Samson (übermenschliche körperliche Kräfte),
— Hulk (übermenschliche körperliche Kräfte),
— Conan der Barbar (übermenschliche körperliche Kräfte),
— Siegfried (Unverwundbarkeit, welches durch ein Drachenblutbad erlangt wurde, Unsichtbarkeit durch die Tarnkappe Alberichs),
— Terminator (Unverwundbarkeit, übermenschliche körperliche Kräfte),
— Superman (Flugfähigkeiten, übermenschliche körperliche Kräfte),
— Spiderman (Kletterfähigkeiten),
— Luke Skywalker (Telekinese),
— Batman (Sonarfähigkeiten),
— Daredevil (Sonarfähigkeiten),
— Frodo (Unsichtbarkeit durch Saurons Ring),
— Fenix (Unsichtbarkeit, übermenschliche körperliche Kräfte),
— Second Son (Möglichkeit, Feuer, Blitze etc. aus den Händen zu schießen).

Jeder Konsument hätte gerne solche herausragenden Fähigkeiten selbst. Durch den Eskapismus fällt die Identifikation mit einem Superhelden besonders leicht und der Identifizierungsprozess erweist sich als unkompliziert. Dagegen ist der Aufbau einer spannungsgeladenen Handlung schwer, da der Superheld aufgrund seiner übernatürlichen Fähigkeiten nahezu nicht besiegt werden kann

und somit ein egalitärer Konflikt zwischen einem Protagonisten und einem gleich starken Antagonisten unmöglich ist.

Dieses Dilemma wird meistens dadurch umgangen, dass der Superheld eine Achillesferse bekommt. So fällt beispielsweise beim Bad im Drachenblut Siegfried ein Lindenblatt auf seine Schulter, sodass er an dieser Stelle verwundbar ist. Frodo darf den Ring nicht zu oft anziehen, da er ansonsten von der magischen Kraft Saurons überwältigt werden würde, Samson verliert seine Kraft, wenn ihm die Haare abgeschnitten werden, und der Terminator kann durchaus durch extreme Hitze, wie sie in Schmelzöfen vorhanden ist, vernichtet werden.

Wie aus obiger Liste ersichtlich, werden als Herausstellungsmerkmal für einen Superhelden besonders gerne übermenschliche körperliche Kräfte verwendet (◘ Abb. 2.1). Anatomisch werden diese in Games und Filmen oftmals durch viele dicke Muskeln visualisiert. Auch die allgemeine Statur sollte Größe repräsentieren, dies gelingt ganz besonders gut, wenn der Kopf im Verhältnis zum Körper besonders klein ist.

2.1.2 Antihelden

Ein *Antiheld* ist ein Held, der ein charakterliches oder körperliches Defizit aufweist. Damit ist er eigentlich das Gegenteil eines Superhelden.

Die Charakterbeschreibung von Antihelden ist vielschichtiger und profunder als diejenige von reinen Superhelden, denn durch die Verletzungen und Schwächen können auch indirekt die Hintergründe seiner Psyche vermittelt werden. Darüber hinaus entbehrt ein Antiheld nicht selten der Selbstironie. Die Geschichte lässt auch Humor auf Kosten des Protagonisten zu. Somit sind Handlungen mit Antihelden oft tiefsinniger und interessanter als diejenigen mit Superhelden, im Gegenzug ist die Möglichkeit des Eskapismus erschwert, denn niemand will sich mit defizitären Wesen identifizieren.

2

☑ Abb. 2.1   Der Charakter inFAMOUS™ Second Son (rechts oben und unten) aus der gleichnamigen Serie ist ein Superheld, da er übernatürliche Fähigkeiten besitzt, beispielsweise Feuer mit seinen baren Händen zu erzeugen (unten)

Zur Identifikationshilfe besitzen Antihelden daher meist nicht ganz so offensichtliche positive Charakterzüge. Dies kann etwa Sex-Appeal, Humor oder einfach nur Liebenswürdigkeit und Herzlichkeit sein.

So ist beispielsweise der von Lukas Haas gespielte Held Richie Norris aus der Filmkomödie „Mars Attacks" verträumt, feige und faul, damit ein typischer Antiheld und der Gegenpart zu seinem muskelbepackten Superheldenbruder Billy Glenn, der sich freiwillig für die US-Army meldet. Der Zuschauer identifiziert sich trotzdem lieber mit Richie Norris, da dieser Protagonist Liebenswürdigkeit, Herzlichkeit und Mitleid aufweist. Interessanterweise

sind es genau diese Eigenschaften, die ihn zum Weltenretter machen. Da er beim Armageddon als Einziger seiner Großmutter beistehen will, entdeckt er durch Zufall, dass die grauenhafte Musik, welche seine Oma hört, die Gehirne der invadierenden Marsianer platzen lässt.

Hier folgen einige Beispiele für bekannte Antihelden aus Literatur, Comics und Filmen:
- Asterix aus dem Comic *Asterix und Obelix* (Kleinwüchsigkeit),
- Obelix aus dem Comic *Asterix und Obelix* (Verfressenheit, Fettsucht, mangelnde Intelligenz),
- Don Quijote (mangelnde Intelligenz, Naivität),

- Simplicius Simplicissimus (mangelnde Intelligenz),
- Klößchen aus TKKG (Fettsucht, Ängstlichkeit),
- Richie Norris aus „Mars Attacks" (Feigheit, Verträumtheit).

In Games gibt es dagegen nur selten echte Antihelden, die nicht gleichzeitig Negativhelden sind. Einige Beispiele sind:

- Larry Laffer aus dem gleichnamigen Abenteuerspiel (Sexsucht),
- Big Brain Wolf aus Big Brain Wolf (Faulheit),
- Jack Carver aus FarCry Instincts (Alkoholismus und Faulheit).

Das Beispiel Obelix zeigt, dass ein Antiheld in Sonderfällen gleichzeitig auch ein Superheld sein kann, denn einerseits ist Obelix fett und dumm, aber andererseits hat er auch übermenschliche Kräfte, da er als Kind in den Zaubertrank gefallen ist. Wie wir später noch sehen werden, ist Obelix zusätzlich auch ein unparitätischer Doppelheld.

Antihelden sollte man nicht mit Negativhelden verwechseln, die im folgenden Kapitel behandelt werden, denn Negativhelden weisen zwar oft, aber nicht zwingend Charakterdefizite auf.

2.1.3 Negativhelden

Negativhelden sind Helden, die sich außerhalb der gesellschaftlichen Normen bewegen und eindeutige Tabus durchbrechen. Negativhelden entstehen daher immer in Bezug auf einen Set an kulturellen Normen.

Dies muss bei interkulturellen Produktionen beachtet werden: Ein US-amerikanischer Held, der andere Personen mit Handfeuerwaffen verteidigt, mag beispielsweise hierzulande als Negativheld gesehen werden, in Amerika mag er jedoch noch innerhalb der Gesellschaftsnorm liegen. Da Gewalt, Krieg und Schusswaffen in Amerika allgemein weniger kritisch gesehen werden als in Deutschland,

gilt dies allgemein für US-Helden, die sich exzessiv der Gewalt bedienen.

So ist beispielsweise Rambo im Original gar kein Negativheld, sondern eher ein Superheld. Ähnlich verhält es sich mit Tavis Bickle aus dem Film „Taxi Driver" (USA 1976). Auch er kann trotz seiner Lynchjustiz im Original nur bedingt als Negativheld gewertet werden.

Umgekehrt liegt ein deutscher Held, der sich im Spiel recht freizügig zeigt, hierzulande in der Norm, in den USA wird er dagegen als Negativheld wahrgenommen. Ein Beispiel hierfür wäre Manni Mann aus dem gleichnamigen deutschen Computerspiel, der sich in der Geschichte an einen FKK-Strand legt.

Die häufigsten kulturellen Tabus kommen aus den Bereichen Sexualität, Drogenkonsum, Eigentumskriminalität, Gewalttätigkeit und Religion. In den letzten zwanzig Jahren ist in westlichen Staaten noch politische Korrektheit dazugekommen.

Oftmals werden Negativhelden im Volksmund als Antihelden bezeichnet, dies ist jedoch falsch und irreführend, da ein Antiheld sich nicht zwangsläufig gegen die Normen verhält.

Die Verwendung von Negativhelden ist problematisch, da die diesbezüglichen Spiele dafür prädestiniert sind, auf dem Index zu landen oder zumindest eine hohe Altersfreigabe zu erhalten. Auf der anderen Seite können Spielende durch Negativhelden kurzfristig eine Befreiung aus unsinnigen tradierten Normen erfahren. Die eigene Kultur wird durchbrochen und aus einer ungewohnten Sicht erlebt. Der Spieler schlüpft in die Rolle eines Bösewichts, ohne dabei echten Personen zu schaden, was inspirierend und interessant sein kann.

Für Game-Firmen gilt, dass sie mit Negativhelden provozieren können und dass sie so über die Empörung seitens der Presse eine gewisse Bekanntheit erlangen. Die Firma Rockstar North scheint mit solchen Marketing-Maßnahmen erfolgreich zu arbeiten. Die Lust an der Provokation kann sich bei ausreichendem negativen Bekanntheitsgrad des Spieles in der Folge auch auf die Spieler

2

übertragen. Daher treten Negativhelden in Computerspielen besonders häufig auf, wie:

- Agent 47 aus der Hitman-Reihe (emotionsloser Auftragskiller),
- Altair aus Assassin's Creed (Assassine, Auftragsmörder),
- Duke Nukem aus Duke Nukem Forever (Gewalttäter, Alkoholiker, politisch unkorrekt bezüglich Frauen),
- Garret aus der Thief-Serie (materialistischer Dieb),
- James Earl Cash aus Manhunt (Mörder),
- Kane aus der Kane & Lynch-Reihe (Krimineller),
- Kratos aus der God-of-War-Reihe (Mörder),
- Lichtkönig Arthas aus WarCraft 3: The Frozen Thorne, World of WarCraft (Volksverräter),
- Max Payne aus dem gleichnamigen Spiel (grausamer Lynchmörder aus Rache),
- Niko Bellic aus GTA IV (Krimineller, Mörder),
- Franklin, Michael und Trevor aus GTA V (Kriminelle, Drogenhändler), (siehe auch ◘ Abb. 2.2),
- Raziel aus Legacy of Kain (seelenverschlingendes Monstrum),
- Sam Fisher aus Splinter Cell (Rächer an Killern seiner Tochter),
- Solid Snake aus der Metal-Gear-Solid-Reihe (Mörder),
- Wario von Wario Land: The Shake Dimension (gieriger Asozialer).

Damit sich der Spieler mit einem Negativhelden identifizieren kann, ist es zu empfehlen, dem Negativhelden neben seinen schlechten Eigenschaften auch einige gute zu geben.

Ein Beispiel dafür ist Garret, der Meisterdieb aus der Thief-Serie: Er hat einen gerissene Schläue und Intelligenz, die durch einen schwarzen Humor garniert wird. Zusätzlich ist er wendig, sportlich und flexibel.

Insbesondere Mitleid mit Schwächeren oder Herzlichkeit machen sich bei Negativhelden besonders gut: So ist Kane aus der Kane & Lynch-Reihe zwar ein krimineller Schurke, rettet dadurch aber das Leben seiner Familie. Auch hinter der rauen Fassade von Kratos aus der God-of-War-Reihe schlägt das Herz eines sorgenden Familienvaters.

Alternativ lässt sich die Geschichte so gestalten, dass der Negativheld von externen Kräften zu seinen Handlungen gezwungen wird. Dies lässt die moralischen Untaten nicht ganz so verwerflich erscheinen. Ein Beispiel dafür ist James Earl Cash aus Manhunt. Er wurde zum Tode verurteilt, ein perverser Hollywood-Regisseur rettet ihn vor der Todesstrafe, zwingt ihn dann aber, vor laufender Kamera Morde zu begehen.

2.1.4 Doppelhelden

Manchmal treten Helden nicht alleine auf, sondern es gibt zwei Charaktere, mit denen sich der Spieler identifizieren kann. Diese Konstellation

◘ **Abb. 2.2**   Franklin (links), Michael (zentral) und Trevor (rechts), die drei Protagonisten im Spiel Grand Theft Auto V (GTA V), sind Negativhelden

kennzeichnet *Doppelhelden*. Hier einige Beispiele bekannter Doppelhelden aus Literatur, Comics, Filmen und Computerspielen:

- Asterix und Obelix,
- Bud Spencer und Terence Hill,
- Clever und Smart,
- Dick und Doof,
- Fix und Foxi,
- Fox Moulder und Dana Scully (aus „Akte X"),
- Hanni und Nanni,
- Pat und Patterson,
- Trix und Trax.

Doppelhelden haben zueinander oft antagonistische Eigenschaften. Im Sinne von Carl Gustav Jung sollen sie die Dualität von *Anima* und *Animus* im Ich repräsentieren. Eine kurze Trennung mit Wiederversöhnung während der Geschichte soll die Tatsache verdeutlichen, dass Anima und Animus miteinander harmonieren müssen, um eine runde, ausgeglichene Persönlichkeit zu erhalten.

Am Beispiel „Asterix und Obelix", soll verdeutlicht werden, was damit gemeint ist. Asterix und Obelix besitzen gegensätzliche Eigenschaften. Während Asterix klein, schlank, schlau und selbstbeherrscht ist, ist Obelix groß, dick, etwas dümmlich und unmäßig im Essen. Als Ausgleich für seine Charakterdefizite ist Obelix von Natur aus stark, da er ja schließlich als kleiner Junge in den Zaubertrank gefallen ist, während Asterix eher schwach ist, wenn er nicht gerade den Zaubertrank getrunken hat. Somit haben beide Helden zueinander weitestgehend entgegengesetzte Eigenschaften. Diese werden sowohl im Comic als auch im dazugehörigen Computerspiel möglichst überzeichnet und überspitzt dargestellt. ❏ Tab. 2.1 stellt einige antagonistische Eigenschaften von Doppelhelden gegenüber.

Die beiden Gallier streiten sich in fast jeder Episode, um sich nach kurzer Zeit wieder um den Hals zu fallen. Nur gemeinsam können sie ihre Abenteuer bestehen, sind sie dagegen getrennt, scheint sich die Geschichte eher zum Negativen zu wenden.

Asterix und Obelix sind noch aus einem anderen Grunde ein interessantes Beispiel. Sie haben nämlich nicht gleich viel Gewicht. In der Regel wird sich der Leser eher mit Asterix als mit Obelix identifizieren. Das Comic wird im französischen Original auch deswegen als „Les aventures d'Astérix le Gaulois", also als „die Abenteuer von Asterix dem Gallier" bezeichnet. Asterix ist somit eindeutig der Hauptheld und Obelix der Nebenheld. Idefix und die anderen Gallier können dagegen eher als Gefährten eingestuft werden.

❏ **Tab. 2.1** Beispiele für antagonistische Eigenschaften bei Doppelhelden

Geschichte, Film oder Game	Held 1	Held 2
Asterix und Obelix	Obelix (groß, dick, dumm, herzlich)	Asterix (klein, dünn, schlau, berechnend)
Dick und Doof	Dick (dick, intelligent)	Doof (dünn, dumm)
Akte X	Fox Moulder (esoterisch, leichtgläubig, warmherzig)	Dana Scully (exoterisch, skeptisch, kaltherzig)
Das doppelte Lottchen	Luise Palfy (arm, frech, verzogen, extrovertiert, schwindelnd, gerissen)	Lotte Körner (reich, sittsam, wohlerzogen, introvertiert, ehrlich, naiv)
Zwei wie Pech und Schwefel, Vier Fäuste für ein Halleluja, Zwei bärenstarke Typen etc	Bud Spencer (dick, plump, schweigsam, leicht erregbar, mitleidlos)	Terence Hill (dünn, schlau, redselig, gefasst, mitleidend)
Ankh	Assil (tapsig, naiv)	Thara (schnippisch, gerissen)

2

Eine solche Konstellation aus einem Haupt- und einem Nebenhelden wird als *unparitätisch* bezeichnet und das Duo demnach als *unparitätische Doppelhelden*. Weitere unparitätische Doppelhelden sind z. B. Harold and Maude oder Sherlock Holmes und Dr. Watson. Manchmal ist die Identifikationsrolle, die der Nebenheld übernimmt, so geringfügig, dass er eher als Gefährte bezeichnet werden sollte. Die Grenzen sind dabei fließend.

In der Regel sind Doppelhelden jedoch paritätischer Natur. Ein hervorragend gelungenes Beispiel für bekannte *paritätische Doppelheldinnen* aus Literatur und Film sind Luise Palfy und Lotte Körner aus *Das doppelte Lottchen*. Die Kindergeschichte von Erich Kästner erschien 1942 als Filmtreatment und 1949 als Roman. Das doppelte Lottchen war meist unerwähnte Vorlage für die Filme „The Parent Trap" I, II und II (USA 1961, 1989, 1998), „It Takes Two" (USA 1995), „Tur og retur" (S 2003) und „Ein Zwilling ist nicht genug" (D 2005). Da es sich bei dem doppelten Lottchen um eineiige Zwillinge handelt, die ungefähr gleich viel Raum in der Handlung einnehmen, sind die Heldinnen eindeutig paritätisch.

Paritätische Doppelheldinnen müssen noch stärker als unparitätische zueinander antagonistische Charaktereigenschaften aufweisen. Dies ist auch beim doppelten Lottchen der Fall: Während Luise Palfy aus Wien frech und extrovertiert ist, ist Lotte Körner aus München sittsam und introvertiert. Damit ist die gegensätzliche Natur der Doppelheldinnen aber noch nicht erschöpft. Luise schwindelt, Lotte ist stets ehrlich. Auch bezüglich der Familienstruktur sind die Doppelheldinnen zueinander antagonistisch: Luise hat eine arme, alleinerziehende Mutter, Lotte dagegen einen reichen, alleinerziehenden Vater.

Während Doppelhelden in Literatur und Film oft verwendet werden, kommen Doppelhelden in Games selten vor, da es schwierig ist, ein Computerspiel zu entwerfen, in dem der Spieler zwei Helden gleichzeitig steuert. Es gibt allerdings auch hier Beispiele, wie „Assil" und „Thara" aus dem Spiel Ankh von Deck13.

Es handelt sich hier um unparitätische Doppelhelden, da der Spieler zumeist nur Assil steuert.

2.1.5 Multihelden

Manchmal treten Helden im Plural nicht nur in einer Zweierkombination, sondern gleich in einer ganzen Heldengruppe auf, die aus drei oder mehr Personen besteht. Es handelt sich dann um *Multihelden*.

Multihelden sind fast ausschließlich unparitätischer Natur. Jeder der Helden hat andere Vorzüge und Charakterdefizite, Tugenden und Laster. In der Regel gibt es einen besonderen Helden unter vielen Helden. Dieser Hauptheld hat eine Sonderfunktion. Er vereinigt alle guten Eigenschaften der anderen Helden und in ihm werden die verschiedenen archetypischen „Kräfte" der Gruppe fokussiert. Meist ist er auch mit dem Führer der Gruppe identisch und ihm wird der meiste Raum in der Erzählung gewidmet. Auch hier gilt, dass die Grenzen zwischen Multihelden auf der einen Seite und einer Kombination aus einem Held mit einigen Gefährten auf der anderen Seite fließend sind.

Multihelden treten gerne in Geschichten, Filmen und narrativen Spielen für präpubertierende Kinder und Jugendliche auf. Der Grund dafür ist darin zu suchen, dass sie noch auf der Suche nach ihrer Identität sind. Multihelden bilden hier eine hervorragende Projektionsfläche für verschiedene Identitätsoptionen, die so im Geiste ausgelotet werden können.

Multihelden treten dagegen selten in Games auf. Dies liegt vornehmlich daran, dass die Steuerung vieler Helden schwer zu implementieren ist. Lediglich Sportspiele wie die FIFA-Serie von Electronic Arts Sports oder Pro Evolution Soccer-Serie von Konami können mit viel Phantasie als Multiheldenspiele interpretiert werden. Auch einige Beispiele aus Literatur und Film sind oftmals als entsprechende Computerspiele für Pubertierende als Multiheldenspiele designt:

- Die drei ???-Reihe, ursprünglich von Robert Arthur (mit Justus Jonas als Hauptheld),
- Die TKKG-Reihe von Stefan Wolf (mit Tarzan als Hauptheld),
- Die Fünf-Freunde-Reihe von Enid Blyton (mit Georgina als Hauptheldin),
- Die Geheimnis-um-Reihe von Enid Blyton (mit Dicki als Hauptheld),
- „Die kleinen Strolche" von Hal Roach (mit Ernie bzw. später Mickey als Hauptheld),
- „Die wilden Kerle" von Joachim Massaneck (mit Leon als Hauptheld),
- „Die Teufelskicker" von Frauke Nahrgang (mit Moritz als Hauptheld).

Weitere Beispiele für Multiheldengeschichten aus dem Kinder- und Jugendbereich, für die der Recherche nach keine entsprechenden Computerspiele existieren, sind:

- „Emil und die Detektive" von Erich Kästner (mit Emil als Hauptheld),
- „Das fliegende Klassenzimmer" von Erich Kästner (mit Jonny als Hauptheld),
- „Jim Knopf und die wilde 13" von Michael Ende (mit Jim Knopf als Hauptheld),
- „Pipi Langstrumpf" von Astrid Lindgren (mit Pipi Langstrumpf als Hauptheldin),
- „Die Rasselbande" von André Franquin (mit Phil als Hauptheld),
- „Die Knickerbockerbande" von Thomas Brezina (mit Lieselotte als Hauptheldin),
- „Die Pfefferkörner" von Katharina Mestre (mit pro Detektivstaffel wechselnden Hauptheldinnen bzw. -helden).

Multihelden treten auch bei anderen Jugendgruppen auf. So sind die meisten erfolgreichen Rock- und Popbands nach einem klassischen Multiheldenmuster gestrickt. Meist wird der Sänger als Held unter Helden hochstilisiert, die Instrumentalmusiker übernehmen dagegen die Rolle der Nebenhelden, die möglichst unterschiedliche Eigenschaften aufweisen.

Ganz besonders offensichtlich ist dies bei Girl- und Boygroups. Ihr öffentliches Image wird von ihren Managern gezielt nach einem Multiheldenschema designt, auch wenn den Managern wohl gar nicht bewusst sein dürfte, warum dieses Schema beim pubertierenden Zielpublikum wirkt.

Nehmen wir die Boygroup „Tokio Hotel" als Beispiel: Bill Kaulitz, der Sänger, ist eindeutig der Held unter Helden. Seine androgyne Ausstrahlung ist insofern förderlich für die Identifikation der Zielgruppe, da er psychologisch Animus und Anima verbindet. Mädchen finden somit einen besseren Anschluss zur Identifikation mit dem anderen männlichen Geschlecht, als wenn er ein testosterongeschwängerter maskuliner Rambo wäre. Die anderen drei Bandmitglieder haben als Nebenhelden zueinander möglichst unterschiedliche Eigenschaften, so gibt sich Tom Kaulitz, der Zwillingsbruder von Bill, in Interviews eher frech, flippig und redselig. Gustav Schäfer, der Schlagzeugspieler ist dagegen bodenständig, schweigsam und recht muskulös. Georg Listing markiert einen sinister-wilden, eher unangepassten Charakter. Tokio Hotel ist eine Ausnahmeerscheinung unter den Boygroups, da die verschiedenen Charaktere kein Designprodukt von Managern sind.

Wenn Jungen über Tokio Hotel schmunzeln, so sollten sie realisieren, dass Girlgroups ebenfalls nach Multiheldenschemata gestrickt sind, und die Sängerin, also die Hauptheldin, meist etwas Burschikoses aufweist.

Auch Fußballmannschaften werden in Jugendzeitschriften zu Multihelden hochstilisiert. Ganz analog zu Girl- und Boygroups versuchen die Journalisten die einzelnen Fußballcharaktere meist zu überzeichnen und einen herausragenden Fußballer als Held unter Helden erscheinen zu lassen. Der Held unter Helden ist dabei oft identisch mit dem Spielkapitän. Es kann ein tragischer Held wie Zidane oder Ballack sein, aber auch ein erfolgreicher wie Götze, Rahn oder Ronaldinho. Nicht selten hat bei aller Sportlichkeit der Hauptheld auch Züge der Anima. Das beste Beispiel hierfür ist der metrosexuelle David Beckham.

Multihelden sind aber nicht nur für jugendliche Zielgruppen geeignet, sondern spielen auch in spirituellen und religiösen

2

Mythen eine besondere Rolle. Hier gibt es immer eine ähnliche Struktur mit zwölf unterschiedlichen Nebenhelden und einem Haupthelden, der himmlische Kräfte aufweist:

- König Artus und die zwölf Ritter der Tafelrunde,
- Karl der Große und die zwölf Paladine,
- Siegfried und seine zwölf Gefährten, die nach Worms aufbrechen,
- Pan und die olympischen Zwölfgötter,
- Vertumnus und die zwölf Dei Consentes,
- Der Rex sacrorum (röm. Opferkönig) und die zwölf Flamines Minores (röm. Opferpriester),
- Tinia (Hauptgott der Etrusker) und die zwölf Dei Involuti (Untergötter),
- Tarchon (etruskischer König) und die zwölf Herrscher der Dodecapoli (etruskische Städte),
- Die zwölf Brüder (Grimms Märchen mit Schwester als Hauptheldin),
- Die Sonne und die zwölf Sternzeichen,
- Uranos und seine zwölf Titanen,
- Herakles und seine Gegner in den zwölf Aufgaben,
- Odin und die zwölf Drotten,
- Mohammed und die zwölf Imame (bei den imamitischen Schiiten),
- Jesus und die zwölf Jünger.

Die Zahl „Zwölf" ist bei solchen Mythen von einer besonderen Bedeutung, da sie die heilige Trinität mit den vier aristotelischen Elementen verbindet (drei mal vier gleich zwölf). Die Verbindung zwischen Himmel (drei) und Erde (vier) führt dabei metaphorisch zu einer Übersummativität in einer dreizehnten göttlichen Kraft.

2.2 Mentoren

Mentoren repräsentieren das Freud'sche Über-Ich. Sie stehen somit für alle Normen und moralischen Werte, die wir von Eltern und Gesellschaft übernommen haben. Sie stehen auch für die höhere Weisheit des Kollektivs. Somit sind Mentoren normalerweise eine positive Kraft, aber ebenso wie das Freud'sche Über-Ich können sie auch nicht gerechtfertigte Schuldgefühle, Prüderie oder falsche Wertvorstellungen verkörpern. Diese Arten von Mentoren werden in Geschichten allerdings selten verwendet, da sie in der Folge auch den Helden in seiner Freiheit einschränken müssten (Johanus 2012; Campbell 1994, 1999).

> **Mentoren repräsentieren das Über-Ich.**

In der Geschichte werden Mentoren meist als steinalt vorgestellt. Sie geben ihr Wissen an den Helden weiter. Bei ihnen holt sich der Held Rat. Oft geben sie ihm den entscheidenden Tipp, der ihn beim Endkampf an der Klimax der Geschichte siegen lässt.

Häufige visuelle Attribute von Mentoren, welche deren Weisheit verdeutlichen sollen, sind:

- weiße, schüttern-wirre Haare,
- ein langer, weißer Rauschebart,
- Runzeln,
- eine Mönchskutte,
- ein Bischofsstab, ein Zauberstab, ein Rührstab für Zaubertränke, ein Kampfstock, eine Rute, ein magisches Schwert oder sonstige länglich geformte spirituelle Utensilien,
- eine bedächtige Sprache mit exotischen grammatikalischen Konstrukten,
- ein väterlich-gütiger Blick.

Die Wirkung der meisten Attribute auf den Spieler bzw. Zuschauer ist leicht zu verstehen: Weiße schüttere Haare, langer Rauschebart und Runzeln symbolisieren ein hohes Alter. Damit vermuten Zuschauer und Spieler impliztit eine hohe Weisheit der Persönlichkeit. Der väterlich-gütige Blick verleiht ihr eine positive Autorität und die Mönchskutte bzw. die magischen Utensilien zusätzlich einen spirituellen Nimbus.

Dagegen ist es schwieriger zu verstehen, warum Mentoren sich exotischer Sprachkonstrukte bedienen: Der Trick hinter dieser Redetechnik ist, dass manche Hörer glauben, wenn sie den Inhalt nicht verstehen, müsse sich hinter dem Kauderwelsch eine ganz ausgefeilte spirituelle Lehre verbergen. Widersprüche hinter dem Glaubenskonstrukt werden auf diese Weise kaschiert und die Mentoren durch vernunftmäßige Argumente weniger angreifbar.

Beispiele für bekannte Mentoren sind:
- Obi Wan Kenobi aus Star Wars (Mönchskutte, Bart, Lichtschwert),
- Yoda aus Star Wars (Mönchskutte, Runzeln, Zauberkräfte, exotische Grammatik, bei der das Verb immer ans Satzende gestellt wird, Lichtschwert),
- Miraculix aus Asterix und Obelix (weißer Rauschebart, lange weiße Haare, Druidenkutte, Rührstab für den Zaubertrank, Heil- und Zauberkräfte),
- Gandalf aus Herr der Ringe (weißer Rauschebart, lange weiße Haare, Zauberkräfte, magischer Wanderstab),
- Doc Brown aus Zurück in die Zukunft (weiße, wirre Haare, Runzeln, Forscherkittel, exzentrische Sprache mit vielen wissenschaftlichen Fachbegriffen, Elektrodenstab).

Einige Gurus bemächtigen sich – möglicherweise absichtlich – der Attribute von Mentoren. Sie lassen sich einen weißen Rauschebart wachsen, kleiden sich in lange Gewänder und sprechen oftmals leise und schlecht Englisch mit eigentümlichen grammatikalischen Konstrukten.

Dies gilt nicht nur für Gurus, sondern ganz allgemein für spirituelle Führer verschiedener Religionen. So hatte Konfuzius angeblich einen weißen Bart, weiße lange Haare, Runzeln und sprach in einer eigentümlichen, doppeldeutigen Art.

Führer islamistischer Strömungen haben ebenfalls Erfolg, indem sie die typischen archetypischen Attribute von Mentoren annehmen. So trug Osama bin Laden[1] einen langen Bart, eine weiße Kutte unter seiner amerikanischen Militärkleidung und sprach ein altertümliches Arabisch. Der Führer des Islamischen Staates Abu Bakr al-Baghdadi[2] hat ebenfalls einen langen Bart, eine Kutte und verwendet ungewöhnliche sprachliche Konstrukte.

Die spezifischen Attribute von Mentoren finden sich aber nicht nur bei Religionen, sondern auch bei vielen weltlichen Ersatzreligionen, wie z. B. dem Marxismus, dem Anarchismus, dem Kapitalismus, dem Liberalismus oder dem Darwinismus. So sind sowohl Karl Marx, Pjotr Alexejewitsch Kropotkin[3], Marril Hymer, John Nothe als auch Charles Darwin mit ihrem langen weißen Rauschebart bekannt (◘ Abb. 2.3). Die meisten Begründer der jeweiligen politischen bzw. wissenschaftlichen Glaubenslehren zeichnen sich durch eine bedächtige und eigentümliche Sprache aus, man denke z. B. an die spezifischen gestelzten Sprachkonstrukte des kommunistischen Manifestes.

Es fällt auf, dass das Bild des Mentors Übereinstimmungen mit dem Archetyp des Wettergotts aufweist (▶ Abschn. 1.3). So werden beide oft durch Vollbart, hellen Teint und magische Waffe gekennzeichnet, sie sind beide mächtig und sie thronen oft über den Wolken. Es gibt aber auch entscheidende Unterschiede:

Die körperliche Stärke des Wettergott-Archetyps ist beim Mentor einer geistigen, spirituellen Stärke gewichen. Der Mentor ist sozusagen ein gealterter und gereifter Wettergott: Er hat keine blonden Haare mehr, sondern weiße. Sein Vollbart ist länger und spitzer geworden. Seine halblangen Haare sind schüttern bis zur Schulter gewachsen. Seine Muskeln haben sich zurückgebildet, er ist daher nicht mehr stämmig-muskulös, sondern hager bis gebrechlich. Die lange Erfahrung hat ihn weise gemacht, von der ehemaligen Unvernunft und Torheit gibt es keine Spur mehr. Frevel und Blasphemien gegen ihn regen ihn nicht mehr auf, sodass er stets göttlichen Gleichmut behält. Er ist nicht mehr herrsch- und rachsüchtig, sondern durch und durch barmherzig.

---

1 Im Original: لاد بـن أسامة.

2 Im Original: البغـدادي بكـر أبـو.

3 Im Original: Пётр Алексеевич Кропоткин.

2

◘ Abb. 2.3   Spirituelle Führer bzw. Begründer von Ersatzreligionen oder religiös-politischer Terror-
organisationen haben häufig die typischen Attribute von Mentoren: langes Gewand, weißer Rauschebart,
faltige Haut, stabförmige Insignien, altertümliche Sprache mit verschachtelten, schwer verständlichen grammatikalischen Konstrukten. Hier von links nach rechts: Der wichtigste Theoretiker des Kommunismus Karl Marx,
der Seher Nostradamus, der Sektenführer Bhagwan Shree Rajneesh alias Osho, der Führer der islamischen
Terrorgruppe „Al Kaida" Osama bin Laden, der Führer des Islamischen Staates Abu Bakr al-Baghdadi, der fiktive
Zauberer und spiritueller Mentor aus Herr der Ringe, Gandalf sowie der Weihnachtsmann, der spirituelle Führer
Konfuzius und der keltische Zauberer Merlin

Der Unterschied zwischen Wettergott-
und Mentor-Archetyp entspricht daher demjenigen zwischen alttestamentarischem und
neutestamentarischem Gottesbild:

Die Parallelen des Wettergott-Archetyps
zum alttestamentarischen Gottesbild sind
schon in ▶ Abschn. 1.3 aufgezeigt worden.

Die neutestamentarische Vorstellung findet
sich dagegen im Bild vom naiven „Rausche-
bartträger über den Wolken", welches sich
manche von Gott machen, und dem in den
vier Evangelien beschriebenen allbarm-
herzigen Charakter Gottes als gütiger Vater.

2.3 Schatten

Der Schatten ist zusammen mit dem Mentor der zweitwichtigste Archetyp. An ihm
kann sich der Held messen. Er repräsentiert
das freudsche „Es" und damit die Triebe und
Charakterzüge, die man ins Unbewusste ver-
drängen möchte. Diese Triebe und Charakterzüge sind metaphorisch codiert.

❯ **Schatten repräsentieren das Es.**

Jede Person ist verschieden, dies gilt ganz
besonders für die spezifischen Charakteranteile,

die ins Unterbewusstsein verdrängt werden. Daher kann es keinen Schattenarchetypen geben, der bei allen Personen die
gewünschte Wirkung erzielt. Es gibt aber
Schattenrepräsentationen, die in einem Kulturkreis besonders gehäuft auftreten, da in ihm
bestimmte Meinungen, Triebe und Charaktereigenschaften tabuisiert werden.

Die Art der Schatten ist abhängig vom
Kulturraum, von der sozialen Zielgruppe und
der Epoche, da jeweils andere gesellschaftliche
Tabus bestehen. Dies muss beim Game-Design beachtet werden.

Beispielsweise werden in fundamentalchristlichen oder bestimmten muslimischen
Gesellschaften der Sexualtrieb oder die
Rationalität tabuisiert. Games mit Schatten,
welche den Sexualtrieb (Teufelsgestalten,
Hexen, Orks etc.) oder die Rationalität (Luzi-
fer, Prometheus etc.) symbolisieren, verkaufen
sich daher dort besonders gut.

In den europäischen Staaten, deren
christliche Religion durch die Aufklärung
in der Renaissance einem intellektuellen
kritischen Reinigungsprozess unterworfen
wurde, wirken dagegen solche Schatten nur vereinzelt bei einigen prüden
Persönlichkeiten.

Viele archetypische Schattensymbole aus der Vergangenheit funktionieren im säkularisierten Europa kaum noch. Ein Beispiel ist das klassische Bild, welches sich Personen im Mittelalter vom „Teufel" gemacht haben. Es ähnelt mit seinen Hörnern, seinem Schwanz und seinen Hufen frappant antiken Göttern wie Cernunnos, Priapus oder Pan, welche für Fruchtbarkeit und Sexualität standen. Im heutigen Europa hat dieser Schatten weitgehend seinen Schrecken verloren, da Sexualität kaum mehr unterdrückt wird wie im Mittelalter.

In Deutschland wurde der Teufel – ähnlich wie in der Antike – nach der Aufklärung wieder zum Symbol für animalische Wildheit und Sex-Appeal. Geflügelte Worte wie „teuflisch gut", „Teufelskerl", „die roten Teufel vom Betzenberg" oder sogar Kindergeschichten wie *Die Teufelskicker* bedienen sich dieses ehemaligen Schattenarchetyps in einer unverkrampften positiven Art und Weise.

Entwickelt man allerdings eine Geschichte für eine internationale Zielgruppe, sollte man möglichst neutrale oder positive Darstellung von Teufelsattributen in der Entourage des Helden vermeiden, da dies bei prüden Personen aus Gesellschaften mit starken sexuellen Tabus (Bible Belt, muslimische Kulturen etc.) die Identifikation mit dem Helden erschwert.

So zeigt das Beispiel des Schattencharakters Darth Maul aus Star Wars, dass der Teufelsarchetyp in fundamentalchristlichen Gesellschaften immer noch wirkt. Er wird zumindest von der betreffenden Zielgruppe als bedrohlich wahrgenommen. Daher finden sich Archetypen mit teuflischen Attributen immer noch häufig in US-amerikanischen Filmen.

Überhaupt finden sich in Kulturen, in denen Sexualität besonders tabuisiert wird, häufig Schattenarchetypen, die Ähnlichkeiten mit antiken phallischen Göttern haben.

Die Unterdrückung der Sexualität oder der Rationalität ist in europäischen Staaten weniger präsent, dafür ist eher Gewalt und Aggression ein Tabuthema. Somit wirken hier eher Schattenarchetypen, welche martialische Wesensanteile symbolisieren (Hooligans,

Mörder, Gewalttäter, Terroristen, Furien etc.). Nicht umsonst ist die Krimikultur in Europa besonders stark ausgeprägt. Beispiele hierfür sind die vielen Tatort-Reihen, die Soko-Filme, Marc Wallander, Sherlock Holmes etc.

In Deutschland gibt es zusätzlich das besondere Tabu, patriotische Gefühle zu zeigen, und dies nicht erst infolge der Gräueltaten des Nationalsozialismus. Die Unterdrückung patriotischer Gefühle beginnt in Deutschland schon nach den ersten blutigen Niederschlagungen der Demokratierevolutionen in der Mitte des 19. Jahrhunderts. Dazu muss beachtet werden, dass diese Revolutionen einen starken patriotischen Charakter hatten. Die Unterdrückung dieses psychologisch wichtigen Wesensanteils hat den Aufstieg des Nationalsozialismus erst ermöglicht, der bei näherer Betrachtung eher antipatriotischer Natur war (Breiner 1990). Schattenarchetypen, welche diesen unterdrückten Wesensanteil symbolisieren, findet man daher häufig in deutschen Serien, so ist der Schatten hierzulande oft eine Karikatur aus übertriebenen vermeintlichen deutschen Tugenden und Untugenden wie Zuverlässigkeit, Gründlichkeit, beruflicher Ehrgeiz, Fleiß, Rationalität und Patriotismus. Beispiele hierfür finden sich in den Filmen Kombat Sechszehn, Männerherzen, Der ganz große Traum oder Lola rennt.

Gamer, die von Computerspielen abhängig sind, reagieren erfahrungsgemäß besonders stark auf den Schattenarchetyp des Zombies. Schließlich repräsentieren Zombies Leblosigkeit und Fremdgesteuertheit und stellen somit überzogene Karikaturen der negativen Eigenschaften von Computerjunkies und Hardcore-Gamern dar.

Ein weiterer Schattenarchetyp, der in westlichen Gesellschaften starke Emotionen hervorruft, ist die Spinne. Sie codiert metaphorisch die Überwachung durch Geheimdienste und die Manipulation durch Geheimgesellschaften.

Spinnen kreieren komplexe Netze. Dort positionieren sie sich im Zentrum und warten im Verborgenen geduldig auf leichtsinnige

2

Opfer. Dazu hören sie die Fäden mit ihrem Vibrationssinn ab. Geht ihnen ein Opfer ins Netz, schnellt die Spinne unvermittelt hinzu. Das Opfer wird augenblicklich gelähmt. Die Spinne wickelt es mit ihren oralen Ergüssen ein. Noch lebend wird das Opfer dann von innen her ausgesogen.

Ganz analog gehen Geheimdienste vor: Sie spannen komplexe Netze auf (Internet, Telefonnetz, Agentennetz, Netz von V-Männern etc.). Dort halten sie ebenfalls in der verborgenen Zentrale die wichtigsten Fäden in der Hand und warten mit sogenannten Honeypots geduldig auf Opfer. Dazu hören sie die Leitungen mit ihren Abhörstationen ab. Geht ihnen ein Opfer ins Netz, greifen sie unvermittelt zu. Es wird festgenommen, gefoltert oder liquidiert. Geheimdienste wirken mit ihren oralen Ergüssen auf das Opfer ein. Noch lebend wird dem Opfer die Würde genommen und es somit von innen her ausgesogen.

Eine weitere kraftvolle Metapher von Spinnen ist, dass sie anatomisch gesehen Kopffüßler sind. Ihnen wachsen acht Beine aus dem Kopfsegment. Somit sind Spinnen für unser Unterbewusstsein „kopflastig". Ihnen scheinen Herz und Triebe abhandengekommen zu sein. Zumindest generieren Spinnen scheinbar ihre Bewegungen und Aktionen direkt aus dem Gehirn ohne Umweg über das Herz.

Die Zahl Acht ist ein weiteres Schlüsselelement von Spinnen, die ja bekanntlich acht Beine und acht Augenanlagen haben (◘ Abb. 2.4). Auch bauen viele Spinnenarten achtstrahlige Netze. Acht repräsentiert Macht und Ohnmacht. Nicht umsonst umgeben sich Nazis genauso mit der Achtersymbolik (18, 88) wie autoritäre Motorradgangs (8, 88). Acht ist mit der Lemniskate verbunden, also mit der Unendlichkeit.

Schlangen können ebenfalls machtvolle Schattenarchetypen darstellen, Sie stehen dabei infolge ihrer gespaltenen Zunge, ihrer phallischen Form, ihrer Kriecherei und ihres halluzinogenen Schlangengiftes vornehmlich für die Untugend der Verführung durch Lügen und des Kriechertums, man denke zum Beispiel an die Schlange Kaa aus dem Dschungelbuch oder an die Schlange, welche Adam und Eva verführte.

Außerirdische stehen als Schattenarchetyp für das Fremdartige in der Seele. Eine Besonderheit unter den Außerirdischen stellen die Grays dar, da sie das Kindchenschema (große Augen, große Stirn im Verhältnis zur Mundpartie) mit der Farbe Grau, hoher Intelligenz, telepathischen Fähigkeiten und der Emotionslosigkeit verbindet. Sie könnten daher für die Unterdrückung der Kindlichkeit stehen (◘ Abb. 2.5).

◘ **Abb. 2.4**   Spinnen als Schattencharaktere sind in Games sehr beliebt. Hier: Spinneninvasion im Spiel Uncharted 3 – Drake's Deception

© Tobias Breiner

■ Abb. 2.5 Das Bild des Grays als emotionsloser, intelligenter Außerirdischer mit Kindchenschema steht als Schattenarchetyp für eine unterdrückte Kindheit

einmal übersichtlich aufgelistet, zusammen mit den unterdrückten oder den unbewussten Charaktereigenschaften, die sie symbolisieren.

2.4 Schwellenhüter

Ein weiterer funktionaler Archetyp in Literatur, Filmen und Games ist der *Schwellenhüter*. Tiefenpsychologisch steht er für den Übergang von einem mentalen Zustand in den nächsten. Bei Filmen ist dies der Übergang zwischen bewusstem und unbewusstem Erleben. Bei Computerspielen bewacht der Schwellenhüter den Übergang vom normalen Bewusstseinszustand zum Flow-Zustand, dem „Spielerausch", der starke Analogien zum Unbewussten hat. Schwellenhüter verhindern somit, dass nicht autorisierte Persönlichkeitsanteile in die falsche „Bewusstseinszone" kommen.

In Mythen und Märchen werden Schwellenhüter meist in Form von großen schwarzen Hunden oder Wölfen repräsentiert. Ähnlich wie Türsteher an der Schwelle zur Diskothek sollten sie möglichst sinister

In ■ Tab. 2.2 sind häufig auftretende Schattensymbole aus Märchen, Mythen, Literatur, Filmen und Computerspielen noch

■ Tab. 2.2 Schatten und ihre korrespondierenden Eigenschaften

Schattensymbol	Korrespondierende (negative) Eigenschaften
Luzifer, Prometheus	Rationalität
Teufel	Männliche Sexualität
Hexe	Weibliche Sexualität
Spinne	Emotionslose Hinterhältigkeit, Machtmissbrauch durch Geheimgesellschaften und Geheimdienste
Schlange	Sexuelle Verführung, Verlogenheit
Wolf, Werwolf	Hunger, übertriebener Gehorsam in einer Gruppendynamik, Bandenkriminalität
Vampir	Durst, Schmarotzertum und Egoismus
Gollum	Gier, Sucht
Zombie	Mangelnde Eigeninitiative und Abhängigkeitssyndrom
Islamist	Religiöser Wahn
Nazi	Fremdenhass
Hooligan	Aggressivität
Alien	Fremdartigkeit

2

und gefährlich aussehen, um ihre Funktion zu erfüllen.

So ist *Kerberos,* der dreiköpfige Höllenhund aus dem antiken Griechenland, der den *Hades* bewacht, ein eindeutiger Schwellenhüter. Die Germanen kennen eine ähnliche Mythologie, hier bewacht der Höllenhund *Garm* den Eingang zur Unterwelt *Helheim.* Der Name „Garm" wurde im Computerspiel Guild Wars 2 wiederverwendet, hier wird er aber als begleitender Hund von Eirs missbraucht. Die Schwellenhüterfunktion Garms wird dagegen ignoriert, vermutlich aufgrund fehlender archetypisch-mythologischer Kenntnisse der Game-Designer.

Der *Fenriswolf* kann dabei als höhere Oktave Garms betrachtet werden, denn er wird am Anfang des *Ragnaröks,* des Weltuntergangs, freigelassen. Er bewacht damit nicht die Unterwelt, sondern das Nichts.

Auch die Wölfe *Geri* (der Gierige) und *Freki* (der Lüsterne), welche zusammen mit den Raben *Hugin* und *Munin* Odins Thron bewachen, sind eindeutige Schwellenhüterarchetypen aus der germanischen Mythologie.

Die Inuit kennen ebenfalls einen großen Hund, der am Rande des Reichs der Toten die Abgründe zur Meeresgöttin *Sedna* bewacht.

In Märchen werden Wölfe oft nicht nur als Schattenarchetypen verwendet, sondern oft zusätzlich als Schwellenhüterarchetypen. Das wohl bekannteste Beispiel dafür ist „Rotkäppchen und der böse Wolf", bei dem Rotkäppchen auf den schwarzen Wolf trifft, als sie vom Wege abkommt.

Auch in modernen Filmen werden Hunde oder Wölfe verwendet, um den Zeitpunkt anzuzeigen, in dem der Zuschauer mit dem Helden der Handlung zusammen das Unbewusste erforschen soll.

So bewacht im Film „Lola rennt" von Tom Tykwer ein Kampfhund das Treppenhaus, durch das Lola rennen muss. Bei jedem Versuch meistert Lola es besser, an der Bestie ungehindert vorbeizukommen.

Nicht nur Canidae, sondern auch Sphinxen können Schwellenhüter sein. Eine Sphinx hat eine Löwenmähne, ein männliches Gesicht, das Weisheit ausstrahlt, Stierhufe und Adlerschwingen. Somit ist die Sphinx die Vereinigung von vier mythologischen Symbolen. Diese ähneln frappant den vier alchemistischen Schwellensymbolen, die auch durch das sogenannte „fixe" Quadrat im Tyrkreis repräsentiert sind, diese sind im Einzelnen:

- Löwe (Löwenmähne),
- Wassermann (männliches Gesicht),
- Adler (der Skorpion wurde im frühen Mittelalter des Öfteren durch einen Adler repräsentiert),
- Stier (Stierhufe).

Diese vier Symbole wurden in leicht abgewandelter Form auch in der christlichen Mythologie verwendet, um die vier Evangelisten der Bibel anzuzeigen. So finden sich in vielen Kirchen folgende vier Evangelistensymbole:

- Löwe (Markus),
- Mensch (Matthäus),
- Adler (Johannes),
- Stier (Lukas).

Diese vier Symbole werden oftmals in quadratischer Anordnung an speziellen Übergängen im Kirchenschiff angebracht, wie beispielsweise der Schwelle zum Altarbereich.

Die Sphinx ist somit eine symbolisierte Quadratur des Kreises, bei der der Kreis sozusagen einen Bannkreis bildet, der innen (Unbewusstes) und außen (Bewusstes) voneinander abtrennt. Dies erklärt, warum Sphinxen ebenfalls als Schwellenhüter fungieren können, auch wenn sie nicht die Gefährlichkeit von Wachhunden oder Wölfen ausstrahlen.

In seltenen Fällen können auch die den Sphinxen artverwandten Zentauren und/oder Fährmänner die Rolle von Schwellenhütern übernehmen. Das wohl stimmigste Beispiel dafür ist der schwarze Zentaur *Nessus,* der in der griechischen Mythologie als Fährmann die Verstorbenen über den mythischen Fluss *Styx* befördert, um sie ins Totenreich zu geleiten.

Weitere seltener verwendete Schwellenhüterfiguren sind Raben, Krähen, Schwäne, schwarze Reiter und schwarz gekleidete Wirte, Wächter, Pförtner, Türsteher und Sicherheitsbeamte. In der Herr-der-Ringe-Trilogie begegnet *Frodo* mit seinen Gefährten schwarzen Reitern, den *Nazgûl,* als er das Auenland verlässt, welches metaphorisch für das Bewusstsein steht. Zusätzlich bewacht ein sinisterer Wirt die Schwelle zum Gasthaus *Bree,* welches die erste größere Station nach dem Verlassen des Auenlandes ist.

Auch der römische Gott *Saturn* bzw. sein griechischer Gegenpart *Chronos* werden des Öfteren als „Hüter der Schwelle" bezeichnet. Wenn man aber diesen Archetyp genauer analysiert, kommt man zu dem Schluss, dass er eher vollkommen unüberwindbare Schwellen repräsentiert, also gewissermaßen Mauern oder verriegelte Türen. Er eignet sich daher nicht als Schwellenhüter für Film und Fernsehen, da der Zuschauer bzw. Spieler ja die Schwelle zum Unterbewusstsein passieren muss, damit er in den Flow-Zustand gerät.

Schwellenhüterarchetypen sind in Games wenig exploriert und daher kann hier kein Beispiel für bekannte computerspielinterne Schwellenhüter gegeben werden. Dies liegt vornehmlich daran, dass Game-Designer meist keine Ahnung von antiker Mythologie oder Tiefenpsychologie haben. Während an Archetypen wie Helden oder Schatten trotzdem intuitiv gedacht wird, weil sie so elementar sind, haben Schwellenhüter nur eine Schutzfunktion, welche die psychologische Wirkung erhöht. Sie werden daher meist vergessen.

> ● Schwellenhüter repräsentieren den Übergang von Bewussten zum Unbewussten.

2.5 Gestaltwandler

Ein recht schwer definierbarer Archetyp ist der *Gestaltwandler,* denn er wechselt während der Handlung seine Funktion.

In der Regel wandelt sich der Gestaltwandler vom Freund zum Feind, es existieren aber auch Gestaltwandler, die mehrfache Wendungen während einer Geschichte vollführen. Meist, aber nicht zwingend ist der Gestaltwandler zum Helden gegengeschlechtlich.

Gestaltwandler können auch zu zweit in einer Geschichte auftreten. Sie verhalten sich dann zueinander konträr. Ein Gestaltwandler startet als Helfer des Helden und der andere als Gegner. Während der Klimax wechselt der Helfer-Gestaltwandler überraschend zum Komplizen des Schattens und der Gegner-Gestaltwandler gleichzeitig zum Retter.

Ein solches gegenläufiges *Gestaltwandlerpaar* findet sich zum Beispiel in Dan Browns *Illuminati.* Hier wechseln Maximilian Kohler und der Camerlengo die Funktion. Während der Klimax offenbart sich, dass Kohler eher positive Züge hat und der Camerlengo der eigentliche Bösewicht ist.

Im Kruschelkrimi findet sich ebenfalls ein Gestaltwandlerpaar: Tigerauge und Krotze. Tigerauge wechselt im Laufe der Geschichte vom Schatten zum Gefährten, Krotze wechselt gegenläufig vom Gefährten zum Schatten.

Ein besonderer Gestaltwandler ist der *Metamorph* oder *Formwandler* (shape-shifter). Er wechselt nicht nur seine Funktion, sondern kann tatsächlich auch seine physische Erscheinung ändern. Ein bekanntes Beispiel für einen Metamorph kommt im Märchen Froschkönig vor, wo sich ein Frosch in einen Prinzen verwandelt.

Der narrative Archetyp des Gestaltwandlers kann mit der Funktion des Helden verschmelzen. Ein Produkt dieser Verschmelzung dieser beiden Archetypen ist der *Wechselheld,* der zwischen zwei Gegensätzen alterniert. Bekannte Wechselhelden sind:
- Dr. Jekyll und Mr. Hyde (gut vs. böse),
- Peter Parker vs. Spiderman (schwach vs. stark),
- Michael Dorsey vs. Dorothy Michaels aus Tootsie (männlich vs. weiblich),
- Don Diego de la Vega vs. Zorro (zahm vs. wild).

Wenn der narrative Archetyp des Gestaltwandlers dagegen mit dem Archetyp des Schattens fusioniert, führt dies zum

2

Wechselschatten. Gegen ihn ist besonders schwer zu kämpfen, da er kein stabiles Ziel bietet. Gollum ist beispielsweise neben seiner Hauptfunktion als Schatten auch ein Gestaltwandler, da er schließlich früher Smeagol war. Werwölfe oder Vampire werden ebenfalls oft als Wechselschatten dargestellt.

Verschmelzungen von Gestaltwandlern mit Mentoren, also *Wechselmentoren,* finden sich in der Praxis selten, da Mentoren als Vorbilder einen fixen verlässlichen Charakter haben sollten. Aber auch hier gibt es einige Beispiele. So verwandelt sich Odin als Metamorph unter anderem manchmal in eine Schlange und einen Adler, um sein Ziel besser zu erreichen.

Es ist Ansichtssache, ob der Gestaltwandler als eigenständiger Archetyp angesehen werden sollte oder ob er eher einen Übergang zwischen zwei funktionalen Archetypen darstellt.

> ❯ **Gestaltwandler repräsentieren die innere Wandlungsfähigkeit.**

2.6 Herolde

Ein Herold ist ein Archetyp, der dem Helden neue Gedankenimpulse und Motivationen liefert und damit die Handlung in Gang bringt oder zumindest beschleunigt. Oftmals sind die Aktionen des Herolds der letzte und entscheidende Auslöser, der einen zögerlichen Helden, der sich unsicher ist, ob er das Abenteuer wagen soll, zum Kampf umstimmt. In der Regel treten Herolde nur einmalig während der Geschichte auf, und zwar nachdem der Held mit seinem Umfeld mitsamt dem Mentor vorgestellt wurde. Laut Vogler stehen Herolde für den *inneren Ruf.*

> ❯ **Herolde repräsentieren den inneren Ruf.**

Es existieren positive, neutrale und negative Herolde:

Ein *Negativherold* ist ein Abgesandter der Schattenarchetypen. Er fordert den Helden heraus. Dies kann von leichter Provokation des Helden über Drohungen bis hin zu letalen Attacken auf das Umfeld des Helden oder den Helden selbst reichen.

Ein *Neutralherold* handelt ohne Intention und bezieht keine Stellung für oder gegen den Helden bzw. für oder gegen den Schatten oder den Mentor. Oftmals wird die Handlungsanregung lediglich durch Überbringung einer Botschaft erreicht, die der Herold einfach weitergibt. Sie können auch dem Helden über eine Beobachtung unterrichten, die diesen zur Aktion gegen den Schatten motiviert. In einigen Fällen erzählen sie dem Helden eine Anekdote aus ihrem eigenen Leben, welche der Held als Metapher verwendet. Dieses Gleichnis stimmt den wankelmütigen Helden letzten Endes um.

Ein *Positivherold* appelliert an die Moral bzw. das Gewissen des Helden und überzeugt ihn dadurch, für andere den Kampf mit dem Schatten aufzunehmen. Oftmals sind Positivherolde Gesandte von Mentoren.

Das Auftreten eines Herolds ist optional, das heißt, es existieren viele Geschichten, die ohne Herold auskommen. Insbesondere bei Computerspielen ist die Verwendung von Herolden eher die Ausnahme. Falls sie auftreten, so werden sie meist in die Vorgeschichte verlagert. Es existieren aber durchaus auch einige Computerspiele mit Herolden, zum Beispiel wird in „The Legend of Zelda" der Held Link vom Herold Navi zur entscheidenden Handlung überredet. Eine recht makabre Heroldin existiert im Game „Silent Hill" von Konami. Hier erhält der Held James Sunderland einen Brief von seiner verstorbenen Frau.

Beispiele für bekannte Herolde aus Film, Fernsehen und Literatur sind:

— Bilbo Beutlin (aus der Herr der Ringe-Trilogie): Er überreicht dem Helden Frodo den Ring von Sauron und bringt so die Geschichte in Gang. In gewisser Weise ist auch Gandalf neben seiner Hauptrolle als Mentor ein Nebenherold, da er Frodo die Notwendigkeit der Flucht aus dem Auenland verdeutlicht.

— R2D2 (aus Star Wars), da er Luke Skywalker den Hilferuf von Prinzessin Leia übermittelt. R2D2 ist neben seiner Rolle als Herold gleichzeitig auch Trickster.

- Rubeus Hagrid (aus Harry Potter). Er erscheint Harry als Erinnerungsgestalt in Tom Riddles Tagebuch.

2.7 Trickster

Ein Trickster[4] ist ein schelmischer Charakter, der mit kreativer List agiert und sich über die Tabus, Normen und Regeln der Gesellschaft hinwegsetzt. Er macht sich über Autoritäten lustig und fördert Chaos und Unruhe. Potentielle drakonische Strafen hindern ihn nicht an seinem närrischen Tun. Er setzt dadurch automatisch eine Hinterfragung veralteter Konventionen und verkrusteter Strukturen in Gang. Zur gleichen Zeit bringt der Trickster neues Wissen, Weisheit und neue Impulse.

In Romanen, Filmen und Games sind Trickster vor allem zur Humorisierung da. Sie erleichtern dadurch den Umgang mit der Handlung, indem sie diese durch ihren Witz indirekt relativieren. Allzu spannende Verwicklungen und martialische Szenen können dadurch für zarte Gemüter erträglicher werden. Diese Funktion wird als *komische Erleichterung* (comic relief) bezeichnet.

---

4 Das englische Wort *Trickster* (Gauner, Schwindler) wurde von den US-amerikanischen Ethnologen Brinton und Boas 1882 eingeführt, um schalkhafte Fabelwesen in Indianermythen zu bezeichnen (Brinton 1882). Carl Gustav Jung machte den Begriff im deutschen Sprachraum bekannt. Das Wort leitet sich vom englischen Wort *Trick* (Trick, Streich, Finte, List) ab. „Trick" ist wiederum über das französische *trique* (Betrug, Kniff) ins Englische gelangt, welches eine regionale Substantivierung des französischen Verbs *tricher* (schwindeln) ist. Und *tricher* ist wiederum aus dem vulgärlateinischen *tricare* (ausweichen, sich winden) entstanden, welches vermutlich von der indogermanischen Wurzel *trekʷ-* oder *terkʷ-* (drehen) abstammt (Shipley 1984, S. 408). Somit ist das Wort Trickster mit den deutschen Wörtern *drehen, drücken* und *Drechsel* verwandt.

Schließlich kann er durch den impliziten Perspektivenwechsel einen kreativen Umgang mit der Handlung beim Zuschauer bzw. Spieler ermöglichen.

Trickster sind durch drei Attribute gekennzeichnet:

- Ambiguität (Zweiseitigkeit),
- Anomalie (Abweichung von der Norm),
- Polyvalenz (Vieldeutigkeit).

Die *Ambiguität* wird hierbei oft durch ein zwitterhaftes Wesen dargestellt, das androgyn oder geschlechtslos sein kann. Auch Homosexuelle, die eine starke „Tuntigkeit" im positiven Sinne ausstrahlen, oder Eunuchen, werden gerne für Tricksterfiguren verwendet. Dies ist nicht unbedingt als homophob zu werten, sondern ergibt sich implizit aus der Rolle.

Dia *Anomalie* bezieht sich darauf, dass sich die Ambiguität nicht nur auf das Geschlecht bezieht, sondern auch auf die Moral: Trickster sind als Schelme weder als gut noch als böse zu bewerten. Sie haben sowohl göttliche als auch teuflische Züge und agieren außerhalb des Wertekodex einer Gesellschaft. Sie scheren sich nicht um gesellschaftliche Konventionen und die öffentliche Ordnung. Sie weichen als Mavericks, Outlaws oder Außenseiter von der Norm der offiziellen sozialen Netzwerke ab.

Dadurch schaffen sie Chaos und Entropie und eröffnen dem Helden neue kreative Lösungswege. Oftmals etabliert sich dadurch eine neue Ordnung. Ein Beispiel dafür ist die Tricksterfigur des Prometheus, der sich über die göttliche Ordnung hinwegsetzt und dem Menschen das verbotene Feuer bringt, wodurch eine neue menschliche Ordnung entsteht.

> **Trickster repräsentieren das innere Chaos und damit die Kreativität.**

In Film und Games können Trickster zu heftigen Abnormitäten und zu negativen Schlagzeilen führen oder gar die Zensurbehörden dazu verleiten, die Werke zu verbieten. Daher halten sich Regisseure und Game-Designer

2

meist mit zu extremen Handlungsweisen der Trickster zurück. In Mythologien gibt es diese Beschränkungen nicht, daher ist hier die Anomalie der Trickster oft extremer ausgeprägt als in Film und Games (Willis 1998, S. 227).

Die *Polyvalenz* bezieht sich auf die Vieldeutigkeit der Aktionen der Trickster. Sie geben oft Aussagen, die sich in mehrere Richtungen deuten lassen. Ihre Handlungen lassen oft mehrere Interpretationen zu. Eine klare, eindeutige Zielrichtung ist oft nicht zu erkennen.

Bekannte eindeutige Tricksterfiguren sind:
- Hermes (Gott aus der griechischen Mythologie),
- Loki (Gott aus der nordgermanischen Mythologie),
- Kokopelli (Gott aus der Mythologie der Pueblo-Indianer),
- Enki (Gott aus der sumerischen Mythologie),
- Prometheus (Titan aus der griechischen Mythologie),
- Till Eulenspiegel (Gestalt aus der mittelniederdeutschen Schwanksammlung, ist neben seiner Funktion als Trickster gleichzeitig Held der Geschichte),
- Rübezahl (Schrat aus dem Riesengebirge),
- Pumuckl (Wesen aus der Hörspiel- und Filmreihe „Meister Eder und sein Pumuckl", Pumuckl ist gleichzeitig Doppelheld),
- das Kruschelmonster (geisterhaftes Wesen aus den Kruschelkrimis),
- Jar Jar Binks (Außerirdischer aus Krieg der Sterne),
- R2D2 und R3PO (Roboterduo aus Krieg der Sterne),
- Ruby Rhod (Tucke aus „The Fifth Element").

Tricksterfiguren in Computerspielen sind selten, hier ein paar Beispiele:
- Calypso (aus Twisted Metal),
- Cicero (aus Skyrim),
- Fizz (aus League of Legends),
- Frank Fontaine (aus Bioshock),
- Gravemind (aus Halo 3),
- Jester (aus Devil May Cry 3).

Beispiel Hermes:
Bei dem griechischen Gott Hermes, der einen klassischer Trickstergott verkörpert, wurde die Ambiguität unter anderem dadurch verdeutlicht, indem er zwischen der irdischen und der göttlichen Welt hin- und herwechselte. Er vermittelte als Mundschenk der Götter zwischen den Menschen und der olympischen Götterwelt. Die Ambiguität wird zusätzlich dadurch betont, dass er geschlechtslos ist (vergleiche das Wort „Hermaphrodit"!).

Die Anomalie wird dadurch ersichtlich, dass Hermes außerhalb des griechischen Moralkodex agierte, so war er nicht nur der Schutzpatron der Reisenden und der ehrenwerten Kaufleute, sondern auch der Diebe und Kleinkriminellen.

Die Polyvalenz ist in seiner Rolle in der griechischen Mythologie dadurch ersichtlich, dass seine schelmischen Taten in mehrere Richtungen gedeutet werden können.

Fazit

Es muss zwischen narrativen und konnotativen Archetypen unterschieden werden. Bei Ersteren gibt es eine Ordnungshierarchie.

Der Held ist ein narrativer Archetyp erster Ordnung. Er ist somit der wichtigste Archetyp und repräsentiert das Ich. Es gibt verschiedene Heldentypen. Der Superheld ist ein Held mit übernatürlichen Fähigkeiten, der Antiheld ein Held mit körperlichen, geistigen oder charakterlichen Schwächen, der Negativheld bewegt sich außerhalb der gesellschaftlichen Norm.

Mentor und Schatten sind narrative Archetypen des zweiten Wichtigkeitsgrades und repräsentieren Über-Ich und Es im ursprünglichen Freud'schen Sinne. Schwellenhüter, Trickster, Gestaltwandler und Gefährten gehören dem dritten und vierten Wichtigkeitsgrad an.

Narrative Archetypen können miteinander kombiniert werden, falls sie verschiedenen Ordnungsgraden angehören.

Narrative Archetypen können in verschiedenen Konstellationen angehören. Bei Helden sind Doppelhelden und Multiheldenkonstellationen häufig anzutreffen. Multiheldenkonstellationen treten vor allem bei spirituellen Geschichten häufig in der Kombination eines Haupthelden und zwölf Nebenhelden auf.

Literatur

Breiner, T. (1990). *Panokratie (erste unredigierte Vorabversion)*. Darmstadt: Verlag für Kunst und Kultur.

Brinton, D. G. (1882). *American Hero-Myths. A Study in the native Religions of the Western Continent*. Philadelphia: Scolar Select.

Campbell, J. (1994). *Die Kraft der Mythen. Bilder der Seele im Leben des Menschen*. Zürich: Artemis & Winkler.

Campbell, J. (1999). *Der Heros in tausend Gestalten*. Frankfurt: Insel-Verlag.

Hofelich, M. (14. Juli 2017). Heldenreise im Kino: Star Wars, Herr der Ringe und Harry Potter. ► https://www.sinndeslebens24.de/mythos-heldenreise-inspiration-aus-joseph-campbells-klassiker-der-heros-in-tausend-gestalten. Zugegriffen: 22. Okt. 2017.

Johanus, M. (14. Juni 2012). Wieso manche Storys erfolgreicher sind als andere. ► https://marcusjohanus.wordpress.com/2012/06/14/wieso-manche-storys-erfolgreicher-sind-als-andere/. Zugeriffen: 22. Okt. 2017.

Shipley, J. T. (1984). *The origins of English words: A discursive dictionary of Indo-European roots*. London: JHU Press.

Vogler, C. (1997). *Die Odyssee des Drehbuchschreibers (The Writer's Journey) – Über die mythologischen Grundmuster des amerikanischen Erfolgkinos*. Frankfurt a.M.: Zweitausendeins.

Willis, R. (1998). *Mythen der Welt*. Gütersloh: Bertelsmann-Verlag.

Entstehung von Archetypen

© Springer-Verlag GmbH Deutschland, ein Teil von Springer Nature 2019
T. C. Breiner, *Psychologie des Geschichtenerzählens,* https://doi.org/10.1007/978-3-662-57862-9_3

3

Die Tatsache, dass sich gleichartige Archetypenbeschreibungen in verschiedenen Kulturräumen unabhängig voneinander entwickelt haben und sie seit Jahrzehnten erfolgreich in der Psychologie, in der klassischen Narratologie, im Storytelling und im Game-Design verwendet werden, spricht für die tatsächliche Existenz derartiger psychischer Entitäten.

Archetypen scheinen also durchaus zu funktionieren und eine elementare Rolle in der menschlichen Psyche einzunehmen. Allerdings sind sie akademisch unzureichend exploriert, da ihr Ursprung unverstanden ist. Es ist in diesem Zusammenhang zu beachten, dass es bis heute kein valides Erklärungsmodell für die Entstehung von Archetypen geschweige denn einen Beweis ihrer Existenz gibt. Die Ursache für dieses Phänomen ist bis heute unbekannt.

Daher muss die Existenz von Archetypen – und damit die gesamte diesbezügliche Psychologie – als Hypothese angesehen werden, die nur auf Erfahrungswerten basiert.

Aufgrund der Fülle der Erfahrungswerte wird aber nirgendwo ernsthaft bezweifelt, dass Archetypen eine wichtige Funktion in Träumen, Mythen, Märchen, Religionen und in der allgemeinen Denkweise von Menschen aller Kulturen spielen. Ihre Wirkung ist unter Autoren, Film- und Computerspielschaffenden unbestritten.

Diese Diskrepanz zwischen klarer empirischer Beobachtung und fehlender deduktiver Herleitungskette der Archetypen ist ein unbefriedigender Missstand, der in den folgenden Unterabschnitten behoben werden soll.

3.1 Neurologisches Erklärungsmodell für die Entstehung von Archetypen

Im Folgenden soll versucht werden, erstmals einen Wirkmechanismus aufzuzeigen, der erklären kann, wie Archetypen durch neurologische Prozesse entstehen.

In Zusammenhang mit diesen Archetypen wird ein mathematisches Modell erstellt, welches die relative Positionierung der Archetypen zueinander ermitteln kann.

3.1.1 Theoretischer Wirkmechanismus der Entstehung von Archetypen

Viele physiologische Grundreize, egal ob optisch, auditiv, haptisch, olfaktorisch oder gustatorisch, werden durch ein Neuron oder eine Gruppe von Neuronen abgebildet. Sehen wir zum Beispiel eine Gerade mit einer bestimmten Orientierung, so feuern entsprechende Neuronen im primären visuellen Cortex, der im Occipitallappen des Neocortex lokalisiert ist. Hören wir einen Ton einer bestimmten Frequenz, so feuern entsprechende Neuronen im Lobus temporalis.

Das Gleiche gilt nicht nur für einfache Einzelreize wie Farbe, Orientierung, Geruch, Hitze etc., sondern findet sich auch bei komplexeren Reizmustern wie der Wahrnehmung ganzer Objekte (Hund, Katze, Stuhl etc.) oder komplexer Attribute (Langhaarigkeit, Lockigkeit, Kahlheit etc.), auch wenn hier die diesbezüglichen Neuronengruppen nicht scharf umgrenzt und individuell unterschiedlich lokalisiert sind. Die Gesamtheit kognitiver Reize, egal ob sie aus Einzelreizen oder komplexen Reizmustern bestehen, soll im Folgenden vereinfachend als *Reizgestalt* bezeichnet werden. Sie zeichnet sich durch *Übersummativität* (das Reizmuster ist etwas anderes als die Summe seiner Einzelreize) und *Transponierbarkeit* (ähnliche Reize/Reizmuster bewirken zu einem anderen Zeitpunkt und zu einem anderen Ort ähnliche neuronale Reaktionen im cerebralen Effektorraum) aus.

Treten zwei physiologische Reizgestalten in der Natur mit hohen Wahrscheinlichkeit gleichzeitig auf, so feuern zwei Einzelneuronen oder Neuronengruppen, im Folgenden als N_A und N_B bezeichnet, ebenfalls mit einer hohen Wahrscheinlichkeit gleichzeitig. Die diesbezügliche Potentialveränderungen von

N_A und N_B erfolgen zunächst unabhängig voneinander.

Legen wir das *Neuronenmodell von Hebb* (1949) zugrunde, ist es wahrscheinlich, dass das Aktionspotential eines Neurons oder einer Neuronengruppe N_C, welches sowohl N_A als auch N_B in axonaler Richtung folgt, überschritten wird und ebenfalls feuert. Bei jeder Aktivierung werden diese entsprechenden Pfade gemäß des Hebb'schen Modells verstärkt. Dies geschieht über entsprechende Veränderungen der synaptischen Sensitivität. Es ist wahrscheinlich, dass N_C für die Attribut- und Objekterkennung mitverwendet wird.

Wird durch Reize des Hippocampus N_C innerviert, so feuert N_C mit einer hohen Wahrscheinlichkeit, wenn nur einer der beiden Grundaktivitäten, z. B. nur N_A, vorhanden ist. Trotzdem werden Attribute und Objekte eher wahrgenommen, die mit N_B in Zusammenhang stehen. N_C verbindet somit synästhetisch zwei Reize oder Reizgestalten, die auf den ersten Blick nichts miteinander zu tun haben.

N_C wird sich auf diese Weise mehr und mehr zu einer mentalen Entität entwickeln, die wiederum eine eigene neue neuronale Gestalt bildet. Diese Gestalt entspricht dem Konzept des Archetyps im Sinne von C. G. Jung.

Zu beachten ist, dass die Ausbildung von Archetypen nur dann erfolgen kann, wenn eine Person statistisch gesehen häufiger gleichzeitig bestimmte Reize bzw. Reizmuster wahrnimmt. Treten Reize bzw. Reizmuster dagegen statistisch unzusammenhängend auf, so wird sich der Archetyp nicht ausbilden.

Um Archetypen besser zu verstehen, ist es daher wichtig, die statistischen Reizgemeinsamkeiten bzw. Reizmustergemeinsamkeiten, denen bestimmte Personengruppen tagtäglich kognitiv ausgesetzt sind, zu analysieren.

> ❯ **Archetypen entstehen laut der hier präsentierten Hypothese durch neuronale Gestalten, die infolge langjähriger statistisch gehäuft**

auftretender Reizgleichzeitigkeiten entstehen. Es bedarf daher keines kollektiven Unterbewusstseins.

3.1.2 Veranschaulichung des Wirkmechanismus zur Ausbildung von Archetypen

Das einfache Beispiel *Odin/Wotan* soll den Wirkungsmechanismus zu Ausbildung von Archetypen, der im letzten Abschnitt theoretisch beschrieben wurde, praktisch veranschaulichen:

Die Blauzapfen in der Retina werden immer dann innerviert, wenn kurzwelliges Licht auf sie trifft. Mit einer besonders hohen Wahrscheinlichkeit trifft das dann zu, wenn die entsprechende Person weit entfernte, große Objekte sieht. So ist der Himmel und das Meer an schönen Tagen blau. Gletscher sind blau und die weit entfernten Berge und die Skyline von Wolkenkratzern erscheinen durch die chromatische Filterung der Atmosphäre ebenfalls bläulich. Die Wahrscheinlichkeit, dass die betreffende Person blaue Objekte in der Nähe sieht, ist dagegen deutlich geringer. Die chromatische Aberration bei der Lichtbrechung der Augenlinse bewirkt, dass diese wenigen nahen Objekte ebenfalls physiologisch als weiter entfernt wahrgenommen werden.

Gleichzeitig werden bei weit entfernten Objekten starke taktile Reize ausbleiben. Den Himmel kann man nicht anfassen, die weit entfernten Bergspitzen und die Wolkenkratzer sind ebenfalls nicht direkt berührbar und wenn die Person sich dennoch ihnen nähert, verlieren sie ihre bläuliche Färbung.

Diejenigen Neuronen bzw. Neuronengruppen im primären visuellen Cortex N_A, welche für Wahrnehmung der blauen Farbe zuständig sind, werden also mit einer hohen Wahrscheinlichkeit genau dann feuern, wenn diejenigen Neuronengruppen N_B, die für taktile Reize zuständig sind, nicht feuern.

Gemäß dem Modell von Hebb werden nun potentielle nachfolgende dendritische Pfade

3

mitsamt ihren Zielneuronen N_C verstärkt, wenn N_A feuert, während die Depolarisierung von N_B ausbleibt.

Es entstehen also mit einer hohen Wahrscheinlichkeit Neuronengruppen N_C innerhalb eines neuronalen Netzwerks, welche aktiviert werden, wenn blaue und ferne Objekte gemeinsam auftreten, diese Neuronen verbinden also synästhetisch die beiden Reize miteinander und bilden daraus eine neue Entität.

Diese Entität verbindet damit „Blau" und „fehlende taktile Reize" bzw. „Ferne". Da Blau auch mit einer hohen Wahrscheinlichkeit bei Kälte in der Natur auftritt, wird die neurale Entität N_C auch noch den Reiz „Kälte" integrieren.

Es fällt auf, dass diese Entität viele Ähnlichkeiten mit dem Archetyp des Archetyps Odin bzw. Wotan aufweist. Odin/Wotan wird mit Tiefe, Unantastbarkeit, Unerreichbarkeit und Ferne und damit Objektivität und Wissen assoziiert. Die Ferne ließ auch Sehnsucht und Fernweh entstehen, daher war er auch der Gott der Wanderer und Reisenden. Er wurde in Südgermanien mit der Farbe Blau konnotiert (der blaue Mantel Wotans) und er bewohnte den blauen Himmel und das blaue Wasser gleichermaßen. Odin kam aus dem Norden und herrschte über die Schneeriesen, was metaphorisch die Kälte versinnbildlicht.

Ein zweites Beispiel *Wettergott, Goldgelb und Höhe* soll den theoretischen Wirkmechanismus noch deutlicher veranschaulichen:

Sonnenlicht aktiviert die Stäbchen in der Retina durch Photonen. Sonnenlicht kommt in der Natur mit einer hohen Wahrscheinlichkeit von oben, egal ob die Sonne direkt scheint oder die Wolken das Sonnenlicht indirekt durchscheinen lassen. Sonnenlicht hat einen besonders hohen Gelbanteil und lässt Glanzlichter auf glatten Oberflächen entstehen, sodass es – im Gegensatz zu den meisten anderen Lichtquellen – golden erscheint. Die Farbe Gelb wiederum aktiviert sowohl die Rot- als auch die Grünzapfen und liegt nah am Erregungsmaximum der Stäbchen

in der Retina, sodass sie uns besonders hell erscheint. Somit wird auch unabhängig vom Sonnenlicht der Reiz „Gelb" oft zusammen mit dem Reiz „Helligkeit" auftreten. Die Studie, welche im Buch *Farb- und Formpsychologie* vorgestellt wurde, liefert Hinweise, dass dieser statistische Zusammenhang valide ist (Breiner 2018).

Sonnenlicht hemmt auch die Ausschüttung von Melatonin in der Zirbeldrüse. Da Melatonin ein Müdigkeitshormon ist, sind Menschen am Tag, wenn es fehlt, wach. Sonnenlicht ist daher für die Taktung unseres circadianen Rhythmus zuständig, der wiederum wichtig für die Aufrechterhaltung unserer Gesundheit ist.

Die UV-Strahlen des Sonnenlichts erzeugen Vitamin D und Stickoxide in der Haut, ganz besonders bei hellhäutigen, blonden Menschen. Vitamin D wiederum aktiviert über eine moderate Erhöhung des Testosteronspiegels das Muskel- und Bartwachstum. Dies ist der Grund, warum Kraftsport im Frühling und Sommer mehr Erfolge bringt als im Winter. Die Stickoxide erweitern die Gefäße, auch in den erogenen Zonen. Sie erhöhen dadurch die Lust und die Potenz. Sonnenlicht ist somit unabdingbar für die Gesundheit.

Die UV-Strahlen des Sonnenlichts bleichen die Haare zusätzlich, sodass sie blonder erscheinen.

Gewitter, Wetterleuchten und Starkregen werden eher im Sommer, vor allem nach sonnigen Tagen, auftreten. Extreme Winde wie Tornados und Hurrikans entstehen oft nach langen Hitzeperioden im Sommer oder Herbst. Im Winter dagegen ist das Wetter nicht so launenhaft.

Reizgestalten, die als „wetterhaft" („Hitze", „Gewitter", „Starkregen", „Stürme"), „hoch", „golden", „hell", „licht emittierend", „glänzend", „täglich", „sommerhaft", „wach", „bewusst", „klar", „gesund", „muskulös", „männlich", „körperlich stark" „hellhäutig", „blond", „erregbar", „launenhaft", „lüstern" und „potent" bezeichnet werden können, treten daher mitsamt ihren komplexen physiologischen Reizen mit einer besonders hohen Wahrscheinlichkeit in der Natur gemeinsam auf. Im psychologischen Farbsystem liegen die diesbezüglichen Assoziationen daher auch allesamt in der Hemisphäre, welche in Richtung (45°, 1, 45°) zeigt.

Wenn wir einen metaphorischen Charakter erzeugen müssten, der möglichst viele der obigen Attribute aufweist, so müssten wir folgendermaßen vorgehen:

- Wir bräuchten einen männlichen Wettergott (männlich, wetterhaft),
- der hoch über den Wolken thront (hoch),
- goldene Kleidung und eine goldene magische Waffe trägt (golden), die helle Partikel emittiert (hell, Licht emittierend, glänzend),
- der Wachheit, Bewusstsein und Klarheit symbolisiert (wach, bewusst, klar),
- vor Gesundheit strotzt (gesund),
- muskulös, stämmig und stark ist (muskulös, männlich, körperlich stark),
- blonde Haare und einen blonden Vollbart hat (gold, blond, männlich),
- ein gönnerhaftes, aber hitziges Gemüt besitzt (sommerhaft),
- leicht zürnt (erregbar, launenhaft),
- den Göttinnen nachstellt (lüstern) und
- als Göttervater viele Nachkommen hinterlässt (potent).

Es fällt auf, dass dieser Charakter exakt den in ► Abschn. 1.3 beschriebenen Wettergott-Archetypen entspricht.

Etwas schwieriger ist zu verstehen, warum der Wettergott in den Mythen verschiedener Völker oft ein schlangenartiges Wesen tötet. Dies ist dadurch erklärbar, dass Schlangen sich meist in Bodennähe befinden und sich als Kaltblüter dem Sonnenlicht aussetzen. Der Antagonismus zwischen „hoch" und „tief" sowie „Licht" tötet „Schatten" mag zu dieser Konnotation beitragen.

3.1.3 Existenz des Numinosums

Sollte sich die in diesem Kapitel aufgezeigte Hypothese bewahrheiten, dass Archetypen

durch statistisch gehäufte Gleichzeitigkeiten von Grundreizexpositionen entstehen, die letzten Endes eine spezielle neuronale Vernetzung entstehen lassen, taucht die Frage auf, ob Archetypen reine kollektive Hirngespinste sind und nur auf einer psychischen Ebene existieren.

Auf dem ersten Blick wäre dem so. Archetypen stellen demnach lediglich eine neuronale Vernetzungsgestalt dar, die sich aufgrund physikalischer, humanbiologischer und weiterer allgemeiner Gesetzmäßigkeiten meist kollektiv bei vielen Individuen gleichzeitig entwickeln.

Sie haben demnach nichts Metaphysisches oder Okkultes an sich, und wir benötigen kein nebulös definiertes, unbewiesenes „kollektives Unbewusstes", um sie zu erklären.

Auf den zweiten Blick ist die Frage nach der tatsächlichen Existenz von Archetypen in der physischen Welt weit schwieriger zu beantworten:

Der erste Einwand ist, dass die Natur gemäß dem Darwinismus dazu tendiert, überflüssige Funktionen durch Selektion und Mutation zu eliminieren. Also müssten neuronale Vernetzungsgestalten, die bei vielen Menschen in ähnlicher Form auftreten, mit hoher Wahrscheinlichkeit einem evolutionären Zweck dienen. Ein solcher Zweck kann nur dann entstehen, wenn Archetypen tatsächlich in der Natur vorhanden sind, wenn auch möglicherweise nur auf einer sehr abstrakten Ebene. Die psychische Existenz von Archetypen ist damit ein Indiz auf deren tatsächliche physische Existenz.

Der zweite Einwand kommt dadurch zustande, dass das Numinosum sich laut Jung ab und zu auch in der physischen Welt entwickele, insbesondere in Form von Synchronizitäten. Möglicherweise können einige solcher Phänomene durch selektive Wahrnehmung erklärt werden, weitere durch gegenseitige kollektive spirituelle Beeinflussungen. Dennoch geben diese Phänomene weitere empirische Argumente für eine tatsächliche physische Existenz.

Der dritte Einwand besteht darin, dass hinter den Reizgestalten eine gewisse mathematisch-logische Ordnung besteht. Diese

3

regelmäßige Ordnung könnte durch ein in sich logisches Gebilde aus *Urkräften* bedingt sein, die unsere Welt erzeugen. ▶ Kap. 7 zeigt einen kleinen Teil dieser Logik auf.

Archetypen könnten daher tatsächlich auch in der physischen Welt existieren, wenn auch auf einer sehr abstrakten, interstrukturellen Ebene. Da die Existenz von Archetypen als Naturkräfte dem modernen Paradigma diametral entgegensteht, soll diese Hypothese nur sehr vorsichtig geäußert werden. Es ist weitere Forschung notwendig, um diese Hypothese zu verifizieren oder zu falsifizieren.

3.2 Klassen von Archetypen

Die letzten Abschnitte haben aufgezeigt, wie durch statistisch gehäufte Gleichzeitigkeiten von Grundreizexpositionen Verbindungsneuronengruppen entstehen, die Archetypen ausbilden.

Gemäß dieser Hypothese sollten Archetypen nicht klar definiert sein, sondern durch Veränderungen der Grundreizexpositionen moduliert werden können. Nur wenige Reizgestalten treten bei allen Menschen dieses Planeten statistisch gemeinsam auf. Die Reizgestalten können durch klimatische, kulturelle, zivilisatorische und individuelle Unterschiede auch verschieden ausfallen. Dies führt uns zu verschiedenen *Klassen von Archetypen:*

- *Globale Archetypen* treten interkulturell auf, da die entsprechenden Reizgestalten physikalischer oder planetarer Natur sind.
- *Klimatische Archetypen* entstehen nur in bestimmten Klimazonen mit definierten Reizgestalten.
- *Kulturelle Archetypen* treten aufgrund von Reizgestalten auf, die durch Bräuche und Riten sowie historische Erfahrungen entstehen. Eine Untermenge der kulturellen Archetypen bilden die *regionalen,* die *religiösen* und die *subkulturellen Archetypen.*
- *Zivilisatorische Archetypen* entstehen durch Reizgestalten, die durch technische Errungenschaften entstehen.

- *Individuelle Archetypen* entstehen durch persönliche Erfahrungen und diesbezügliche Reizgestalten, die sich von Person zu Person ändern können.

Globale, klimatische, kulturelle und zivilisatorische Archetypen bilden zusammen die Klasse der *kollektiven Archetypen.* Diese sind einer bestimmten Kategorie von Menschen gemein und können damit für eine entsprechende Zielgruppe verwendet werden.

Die einzelnen Klassen von Archetypen werden im Folgenden detailliert erläutert.

3.2.1 Globale Archetypen

Die letzten Abschnitte haben aufgezeigt, wie durch statistisch gehäufte Gleichzeitigkeiten von Reizgestaltexpositionen Verbindungsneuronengruppen und Archetypen entstehen.

Das Konzept erklärt, warum manche Archetypen global auftreten, denn viele Reize treten in allen Gegenden der Erde, egal ob Europa, Asien, Afrika, Australien oder Südamerika, gemeinsam in bestimmten Mustern auf. Dies kommt immer dann vor, wenn die Reizgestalten mathematisch physikalisch, planetarisch, terrestrisch oder humanbiologisch bedingt sind.

Mathematische Reizgestalten sind z. B:
- Die Kreiszahl Pi beträgt ca. 3,14 und ist irrational.
- Die Zahl 12 hat viele Teiler (1, 2, 3, 4, 6, 12).
- 13 ist eine Primzahl, und Primzahlen sind nicht direkt über eine Formel berechenbar.
- Das neutrale Element der Addition ist null, und das neutrale Element der Multiplikation eins.

Physikalische Reizgestalten sind z. B.:
- Feuer ist immer heiß und meist orangerot.
- Licht kommt in der Natur meist von oben.
- Lichtstrahlen sind gerade.
- Opake Körper im Licht werfen Schatten.
- Weit entfernte Gegenstände erscheinen kleiner.

Planetarische Reizgestalten sind z. B.:
- Geräusche mit tiefen Frequenzen kommen eher von unten, hohe Frequenzen eher von oben.
- Die Nacht ist dunkel und meist kälter als der Tag.
- Gestirne laufen auf elliptischen Bahnen um das Zentralgestirn.

Terrestrische Reizgestalten sind z. B.:
- Blätter und Nadeln sind meist grün.
- Nebel ist immer weißlich.
- Blauverschiebungen durch die Atmosphäre treten in der Ferne auf.
- Dicke dunkelgraue Wolken zeigen ein drohendes Unwetter an.
- Sonnen- und Mondscheibe erscheinen von der Erde flächenmäßig ungefähr gleich groß.

Humanbiologische Reizgestalten sind z. B.:
- Orangegelbe Früchte schmecken meist süß-sauer und lecker.
- Männer haben in der Regel eine tiefere Stimme als Frauen.
- Blut ist bei jedem Menschen rot und wenn wir bluten, ist dies oft mit Schmerz verbunden.
- Wenn wir große Freude oder Trauer empfunden, weinen wir und die Tränen sind flüssig und schmecken salzig.
- Die chromatische Aberration der Augenlinse lässt bei jedem Menschen mit normalem Sehvermögen Rot in die Nähe und Blau in die Ferne rücken.

Die diesbezüglichen Zusammenhänge sind so allgegenwärtig und trivial, dass wir uns normalerweise keine Gedanken darüber machen:

Solche Reizgestalten, die auf der ganzen Welt auftreten, erzeugen *globale Archetypen.* Sie sind interkulturell decodierbar.

Die Tatsache, dass Kriegsgottheiten in jeder Kultur männlich, stark und in ihren besten Jahren sind, oft in rötlicher Farbe gemalt werden und mit der Zahl Fünf in Verbindung gebracht werden, würde beispielsweise auf ein solches interkulturelles, globales Reizmuster zurückgehen.

Ein weiteres Beispiel eines globalen Archetyps ist die Meeresgottheit, die in vielen Kulturen männlich, groß, von traurigem Gemüt, mit glasigen Augen, langem Haar, drachenartiger Haut und wallendem, türkisfarbenem Gewand beschrieben wird.

Der globale Archetyp der Erdgottheit wird zumeist weiblich, wohlgenährt, mit großen Brüsten und gutmütig-mütterlichen Zügen dargestellt.

Weitere globale Archetypen sind beispielsweise das Urparadies, die Sintflut, der magische Steinkreis, das Mandala, die zwei Säulen der Weisheit, der kronenartige Heiligenschein, das dritte Auge, der Trickster, der Held, der Mentor, der Schatten, der Himmelsgott, die sich in den Schwanz beißende Wiedergeburtsschlange, der rot-schwarze Sexualitätsdrache, die Feuerbewachungsgöttinnen, der grau-grausame Zeitgott, der Himmel und Erde verbindende Lebensbaum oder die weiblichen Trinitätsgottheiten.

3.2.2 Klimatische Archetypen

Während viele Reizgestalten global auftreten, gibt es einzelne Reizmuster, die nur in bestimmten Klimazonen erfahren werden können:

Beispielsweise wird ein Eingeborener in den Tropen im Regelfall keine Bekanntschaft mit Schnee machen. Die Reizgleichzeitigkeit zwischen Kälte und Weiß wird er dadurch niemals erfahren. Auch die Tatsache, dass klirrende Kälte Schmerzen in den erfrierenden Fingern, Zehen und Ohrmuscheln verursachen kann, wird ihm fremd bleiben. Damit gibt es für ihn niemals einen statistischen Zusammenhang zwischen den Reizen Schmerz und Kälte. Erst recht wird er keine Eisberge und Gletscher zu Gesicht bekommen. Damit werden auch die Attribute Weiß und Größe nicht in Zusammenhang gebracht.

Die Ausbildung von entsprechenden Archetypen, die Weiß, Größe, Kälte, Schmerz

3

und Unbarmherzigkeit vereinen, wird daher in Kulturen, die sich in den tropischen Klimazonen entwickeln, unmöglich sein. Solche kommen dagegen bei den nordgermanischen Mythen vor, wie ihre *Frost-, Reif-* und *Eisriesen* zeigen.

Im Folgenden noch ein anderes Beispiel bezüglich der Farbe Grün:

Für einen Wüstenbewohner wird die Farbe Grün eine vollkommen andere Bedeutung haben als für einen Bewohner gemäßigter Klimazonen. Grün kommt in der Wüste selten vor, in der Regel nur in Oasen. Daher werden die Reizgestalten Grün, Schatten, angenehme Kühle, Nahrung und Trinkwasser gemeinsam auftreten und einen entsprechenden Archetyp aufbauen, der ein Synonym für Leben darstellt. In vielen Wüstenreligionen, insbesondere dem Islam, der auch in einer Wüstenregion entstanden ist, ist eine entsprechende Assoziation verbreitet (Cicero 2017). Im Zusammenhang mit dieser synästhetischen Assoziation ist auch ein entsprechender religiöser Archetypus entstanden:

- das grüne Gewand Mohammeds,
- der grüne Turban Mohammeds,
- die grüne Farbe der Flagge des Propheten,
- die grünen Banner der mohammedanischen Eroberer Mekkas im Jahr 630 nach Christus,
- das grüne Buch Gaddafis,
- die grünen Stirnbänder der Hamas,
- das grüne Wappen der Kalifen der Fatimidendynastie,
- die grüne Flagge Libyens,
- die grünen islamischen Leichentücher, die Wiedergeburt symbolisieren sollen,
- die grünen Gewänder des Paradieses im Islam.

In unseren gemäßigten Klimaregionen kann dies emotional nicht decodiert werden. Im Gegenteil hat in westlichen Kulturkreisen Grün eher etwas Infernalisches. So werden Drachen grün dargestellt und Dämonen haben giftgrüne Augen.

Ein vermeintlich globaler Archetyp, der tatsächlich ebenfalls in Abhängigkeit von Klimazonen auftritt, ist die Sonnengottheit, welche in vielen Mythologien unterschiedlich beschrieben wird, sodass es sich trotz desselben Themas tatsächlich um verschiedene Archetypen handelt. Es fällt auf, dass in nördlichen Mythologien der borealen und subpolaren Klimazonen milde und gutmütige Charakterbeschreibungen vorwiegen. Oftmals war die Sonnengottheit weiblich, barmherzig und lebensspendend, wie zum Beispiel die nordgermanische Sonnengöttin *Sól*, die südgermanische Sonnengöttin *Sunna*, die keltische Sonnengöttin *Sulis*, die nordjapanische Sonnengöttin *Amaterasu*[1], oder *Malina*, die Sonnengöttin der Inuit.

In den südlicheren Klimazonen wurde die Sonne dagegen meist von einer männlichen Gottheit repräsentiert, die als stark, imposant und väterlich angesehen wurde, wie beispielsweise der griechische *Helios*, der römische *Mithras* oder der Sonnengott *Magec* der Guanchen.

Die gegengeschlechtlichen Attribute der Sonnengottheiten zwischen dem Norden und dem Süden finden sich noch in der Grammatik der Sprachen wieder. So werden in den romanischen Sprachen männliche Artikel für unser Zentralgestirn verwendet, z. B. *el* sol (sp.), *le* soleil (fr.), *o* sol (pt.)oder *il* sole (it.), während in den germanischen Sprachen, welche drei grammatikalische Geschlechter beibehalten haben, ein weiblicher Artikel verwendet wird, z. B. *die* Sonne (dt.) oder sól*in* (is.).

In ariden Subtropen ist Sonnenlicht oft mit unbarmherziger Hitze und Dürre verbunden, die entsprechenden Mythen, die sich um die Sonnengötter ranken, zeigen statt einem großzügig-väterlichen eher einen herrschsüchtigen-diktatorischen Charakter; so beispielsweise beim kriegerischen *Huitzilopochtli* der Azteken, dem Menschenopfer dargebracht wurden; beim hurritischen Sonnengott *Šimige*, der von den Personi-

---

1   Im Original: 天照.

fizierungen „Respekt" und „Ehrfurcht" begleitet wird und dessen Kinder das personifizierte Böse sind; beim ägyptischen *Aton,* der über Echnaton die alleinige monotheistische Verehrung forderte; oder beim Sonnengott *Wiraqucha* der Inkas, welcher alle Menschen (bis auf zwei) aufgrund ihrer Laster in einer Sintflut umbrachte.

Der Archetyp des Sonnengottes in den südlichen Breiten hat Ähnlichkeiten mit dem Archetyp des Wettergottes der nördlichen Breiten, der in ▶ Abschn. 1.3 beschrieben wurde. Die Erklärung für die Übereinstimmungen vieler Attribute – insbesondere Muskulosität, Stärke, Großzügigkeit und Gesundheit – findet sich darin, dass der Sonnengott mit der Farbe Gold und der Wettergott mit der verwandten Farbe Gelb assoziiert wird.

3.2.3 Kulturelle Archetypen

Archetypen können sich auch entlang kultureller Grenzen entwickeln. Dabei spielt für die Ausbildung von Reizgestalten die Religion, die Sprache und die Historie eine maßgebliche Rolle. Im geringeren Maße tragen auch Trink- und Ernährungsgewohnheiten sowie Riten, Feste und die landestypische Mode dazu bei.

Infolge der Globalisierung unserer Gesellschaft sind solche *kulturellen Archetypen* aber immer seltener zu finden. Trotzdem gibt es durchaus je nach Kulturkreis vereinzelt unterschiedliche Archetypencharaktere:

So wird die Farbe Braun, die Form der Swastika und die Kopfform der Glatze für Deutsche aufgrund ihrer leidvollen Geschichte eine komplett andere Bedeutung haben als für einen tibetischen Buddhisten. Der negative Schattenarchetyp des herzlosen fanatisierten Nazis, der in vielen jüngeren Filmen gezeigt wird, wird dort emotional nicht decodiert werden können.

Kulturelle Archetypen können sich auch regional ausbilden. Filmische Archetypen, wie sie sich in „Meister Eder und sein Pumuckl", „Kriminalhauptkommissar Veigl alias Gustl

Bayrhammer" oder „Seppel" verwirklichen, werden zwar in ganz Deutschland verstanden, haben jedoch vermutlich in Bayern eine andere Färbung. So würde ein Hamburger die betreffenden Personen eher mit rustikaler Urlaubsexotik und ein Bayer eher mit Väterlichkeit und heimatlicher Geborgenheit assoziieren.

Ein ähnlicher *regionaler Archetyp* ist der lebensfrohe, proletarische Ruhrpottler, der Currywurst konsumiert und seinen Urlaub auf „Malle" verbringt. Die Manni-, Manta- und Schimanski-Filme greifen auf diesen regionalen Archetyp zurück.

Andere regionale Archetypen sind der pedantisch-geizige Schwabe oder der unterkühlte Norddeutsche. Die Grenze zwischen regionalen Archetypen zu rassistischen Stereotypen ist dabei fließend.

Die globale Kulturindustrie kann auch zur Entwicklung von Archetypen beitragen, deren Verbreitung sich meist auf bestimmte Subkulturen beschränkt. So ist zum Beispiel der Archetyp der Zombies, die in einer Zombie-Apokalypse das Armageddon einleiten, hauptsächlich in der Gamer-Szene populär, obwohl der Archetyp ursprünglich in der karibischen Voodoo-Kultur entstanden ist. Andere globale *subkulturelle Archetypen,* welche gerne in Film, Fernsehen und Games überspitzt dargestellt und von der Jugend dementsprechend nachgespielt werden, sind der Punker, der Rocker, der Hooligan oder der Hipster. Im Gegensatz zu den kulturellen Archetypen nehmen die subkulturellen Archetypen in ihrer Bedeutung ständig zu.

In der Theorie sollten kulturelle und subkulturelle Archetypen – ähnlich wie andere kollektive Archetypen – ein Numinosum entwickeln. Klinkt eine Person sich in eine Subkultur ein, z. B. indem er sich einen Irokesenschnitt verpasst, Punkmusik konsumiert und Bleachers, Springerstiefel mit Nietenjacke anzieht, so wird sich sein Denken, Fühlen und Wirken in eine anarchistische Richtung verändern. Das Numinosum wirkt nicht unmittelbar, sondern entwickelt seine Kraft über Monate. Zukünftige Studien sollten diese Hypothese verifizieren oder falsifizieren.

3

3.2.4 Zivilisatorische Archetypen

Während klimatische und kulturelle Archetypen in ihrer Bedeutung abnehmen, nehmen *zivilisatorische Archetypen* zu. Sie entstehen durch Reizgleichzeitigkeiten, die durch weit verbreitete wissenschaftlich-technische Errungenschaften in der gesamten Welt entstehen.

Ein solcher Archetyp ist zum Beispiel der Hacker, der seit den 1980er-Jahren in vielen Filmen zu finden ist. Meist wird er jugendlich, schüchtern, intelligent, leicht paranoid, mit einer fahlen, aknegezeichneten Gesichtshaut, hager-schwacher Statur, gebeugter Haltung, kurzen Haaren, Kapuzenpulli und Jeans dargestellt. Die Ausprägung dieses modernen Archetyps wurde erst durch Reizgleichzeitigkeiten seit Erfindung des Heimcomputers ermöglicht. Eng verwandt mit dem Archetyp des Hackers ist der Archetyp des Nerds und des Gamers.

Zivilisatorische Archetypen können sich mit subkulturellen Archetypen mischen, so verbindet der Archetyp des Rockers die zivilisatorische Errungenschaft des Motorrads mit der Biker-Subkultur. Er wird in Filmen und Games meist stämmig-muskulös, mit langen fettigen Haaren, Dreitagebart, Stiefeln Lederkutte, sonorer Stimme und langsamen Bewegungsabläufen dargestellt. Sein Geist ist hedonistisch, gerechtigkeitsbetont und einfach bis einfältig. Ähnlich wie der Wettergott sollte er nicht gereizt werden, da er sonst ungemütlich das Faustrecht einsetzt.

Zivilisatorische Archetypen können – ähnlich wie andere kollektive Archetypen – ein Numinosum entwickeln.

Sie wechseln im Laufe der technischen Veränderungen. Beispielsweise wird der Archetyp des tollkühnen Doppeldecker-piloten, der Anfang des Jahrhunderts aufgrund der Gefährlichkeit der Flugzeuge in den Medien verbreitet wurde (z. B. der rote Baron, Freiherr von Richthausen, Otto Lilienthal etc.), heute kaum noch bemüht.

3.2.5 Individuelle Archetypen

Die meisten Reizgemeinsamkeiten treten von Person zu Person unterschiedlich auf. Diese führen zu *individuellen Archetypen*.

Ein anschauliches Beispiel für einen solchen individuellen Archetyp sind die Kunstwerke von Joseph Beuys. Nach eigenen Angaben wurde er nach einem Flugzeugabsturz in der Krim durch nomadisierende Tataren gerettet. Gegen die klirrende Kälte wurde er von den Krimtataren in Filz gehüllt. Seine Wunden wurden mit tierischem Fett behandelt (Stachelhaus 1998, S. 26). Dieses Ereignis wird in seiner genauen Ausprägung von einigen Kritikern angezweifelt (Riegel 2013, S. 16 ff.). So soll er zwar nicht durch Krimtataren, sondern einfach durch deutsche Militärsanitäter in eine Filzdecke gehüllt worden sein. Möglicherweise ist die Übertragung auf den Archetyp des Nomaden durch die starken Fieberträume entstanden (Kohler 2013). Egal, wie sich die Geschichte tatsächlich zugetragen hat, durch dieses traumatische Erlebnis sind Fett und Filz und die damit verbundene Farbe Gelbbraun für Beuys Symbole des Lebens geworden. Dies manifestiert sich in seinen Kunstwerken, z. B. bei seinem bekannten „Stuhl mit Fett", aber auch in seinem Filzhut. Bei ihm hat sich somit ein individueller Archetyp entwickelt, der von den meisten Museumsbesuchern nicht decodiert werden kann und daher meist nur für Verwunderung und Erheiterung sorgt.

Die Entwicklung individueller Archetypen muss nicht auf traumatischen Ereignissen beruhen, sie kann sich auch langsam durch Reizgemeinsamkeiten entwickeln. Sie kann auch kollektive Archetypen überschreiben:

Für einen Chirurgen, der an seiner Arbeitsstelle tagtäglich mit Blut konfrontiert wird, verliert beispielsweise die Farbe Rot seine Wirkung als Warnfarbe. Zudem erlebt er spitze Metallgegenstände als lebensrettende Werkzeuge statt als tödliche Waffen. Der Archetyp des Kriegsgottes, der in Filmen meist blutverschmiert mit Schwert dargestellt wird, wird bei ihm vermutlich seine Wirkung verfehlen (Gross 1981; Heller 1989).

3.3 Quantitative Lokalisierung von Archetypen

Bisher konnten Archetypen lediglich empirisch erforscht werden. Meist wurden dazu Einzelfallstudien von Patientenfällen sowie Analysen von Träumen, Mythen, Märchen, Geschichten und Filmen verwendet. Eine deduktive Herleitung war nicht möglich.

Die in ▶ Abschn. 3.1 präsentierte Hypothese ermöglicht es, die Vielzahl von Archetypen durch eine Quantifizierung des Verwandtschaftsgrades ähnlicher Archetypen zu ordnen.

Die diesbezügliche Idee, die hier zum ersten Mal präsentiert wird, ist es einerseits, die Tatsache auszunutzen, dass Farbe ein wichtiger optischer Reiz ist, der bei vielen Archetypen auftritt (z. B. der *blaue* Mantel Wotans, die *roten* Kriegsgottheiten, der *weiße* Rauschebartmentor, der *schwarze* Schatten, die *grauen* Eminenzen bzw. Herren der Zeit, die *goldene* Tunika Jupiters, der *goldene* Sonnengott etc.), und andererseits zu beachten, dass Farbe laut den Graßmann'schen Gesetzen eine dreidimensionale Größe ist (Göhring 2002).

Damit kann die zentrale Wirkkraft eines Archetyps durch einen mathematischen Dreiertupel beschrieben werden. Da ab der Ebene der Bipolar- und Ganglienzellen der Netzhaut und somit auch im primären visuellen Cortex Farben in Gegenfarbkanälen weiterverarbeitet werden, sollte ein entsprechendes Opponentenfarbmodell nach Ewald Hering bessere Resultate zeitigen als ein Farbmodell, welches lediglich auf drei Grundfarben beruht (Hering 1878; Lüscher 2017).

Zum Positionieren der Archetypen bietet sich ein psychologisches Farbsystem an (s. diesbezüglich das Buch *Farb- und Formpsychologie*, Breiner 2018). Die drei Opponentenfarbkanäle (Rot-Grün, Blau-Gelb, Schwarz-Weiß) entsprechen dem neuronalen Verarbeitungsmuster ab der Ebene der retinalen Bipolar- und Ganglienzellen.

Reizgestalten sind statistisch nicht immer eindeutig. So tritt z. B. der Reiz „Kälte" einerseits vermehrt in der Nacht auf, und die Nacht ist für gewöhnlich dunkel bis pechschwarz. Andererseits tritt Kälte auch in Zusammenhang mit weißem Schnee und türkisfarbenen Gletschern auf. Auch das blaue Meer kann zu Kältereizen führen. Somit bildet der Kältereiz statistische Gleichzeitigkeiten mit den Farbreizen Blau, Türkis, Weiß und Schwarz. Für eine tropische Klimazone würde die Verbindung zu Weiß und Türkis wegfallen, für Gesellschaften in Binnenländern dementsprechend die Verbindung zu Blau.

Um trotz der verschiedenen Farbassoziationen zu Kälte den Reiz Kälte im psychologischen Farbsystem positionieren zu können, eignet sich entweder ein Feder-Masse-Dämpfer-System, bei dem sich das interaktive Zusammenspiel der Kräfte im Feder-Dämpfer-Netzwerk zu einem Optimum einpendelt, oder einfach eine Vektoradditionsmethode, welche in *Farb- und Formpsychologie* (Breiner 2018) vorgestellt wurde. In unserem Beispiel würde sich der Reiz „Kälte" in der Nähe eines schwach gesättigten Blautürkis einpendeln.

Das Gleiche lässt sich natürlich auch mit anderen Reizen, Attributen und Objekten durchführen. Auch ist es möglich, den Reiz „Kälte" als neuen Ankerpunkt zu verwenden, sodass man ab sofort nicht nur auf Farbreize angewiesen ist. An diesen Ankerpunkt lassen sich nicht nur Grundreize anhängen, sondern auch komplexere Attribute und Objekte. So entsteht nach und nach ein komplexes Netzwerk, in dem Grundreize, Attribute, Objekte und schließlich auch die archetypischen Kräfte, die für eine Zielgruppe geeignet sind, angeordnet werden.

Fazit

In diesem Kapitel wird erstmals versucht, die Bildung von Archetypen zu erklären: Da bestimmte Reize und Reizmuster statistisch gehäuft gemeinsam auftreten, entstehen bei verschiedenen Menschen ähnliche neuronale Vernetzungen, welche synästhetisch eine Art „Überreiz" bilden. Dieser ähnelt auffällig dem Konzept der Archetypen gemäß Carl Gustav Jung.

Literatur

Breiner, T. C. (2018). *Farb- und Formpsychologie*. Heidelberg: Springer.

Cicero. (2017). *Die Farbe des Islam*. In: Cicero, Magazin für politische Kultur, Autor unbekannt. ▶ https://cicero.de/weltb%C3%BChne/die-farbe-des-islam/38924. Zugegriffen: 24. Okt. 2017.

Göhring, D. (2002). *Günter Graßmann – Leben und die Graßmannschen Gesetze*. Seminararbeit. ▶ http://www.drgoehring.de/uni/papers/Grassmann_02222002.pdf. Zugegriffen: 15. Nov. 2017.

Gross, R. (1981). *Warum die Liebe rot ist*. Düsseldorf: Econ.

Hebb, D. O. (1949). *The organization of behavior. A Neuropsychological Theory*. New York: Wiley.

Heller, E. (1989). *Wie Farben wirken. Farbpsychologie – Farbsymbolik – Kreative Farbgestaltung*. Hamburg: Rowohlt.

Hering, E. (1878). *Zur Lehre vom Lichtsinne. Zweiter, unveränderter Abdruck*. Wien: Gerold.

Kohler, M. (10.07.2013). *Zeige Deine Wunde*. ▶ http://www.art-magazin.de/szene/8174-rtkl-joseph-beuys-brief-entdeckt-zeige-deine-wunde. Zugegriffen: 01. Nov. 2017.

Lüscher, M. (2017). *Harmonia Causa Est*. ▶ https://www.luscher-color.ch/base.asp?p=InfoPeriodischesSystem.html&s=d&m=m_theorie.asp. Zugegriffen: 27. Dec. 2017.

Riegel, H.-. P. (2013). *Beuys – Die Biografie*. Berlin: Aufbau Verlag.

Stachelhaus, H. (1998). *Joseph Beuys* (3. Aufl., S. 26). Düsseldorf: Econ & List.

Stereotypen

© Springer-Verlag GmbH Deutschland, ein Teil von Springer Nature 2019
T. C. Breiner, *Psychologie des Geschichtenerzählens,* https://doi.org/10.1007/978-3-562-57862-9_4

4

In den meisten Fällen werden für Charaktere in Literatur, Computerspielen oder Filmen keine symbolische Tierfiguren oder Fabelwesen verwendet, sondern einfach ganz normale Menschen mit überspitzter Charaktereigenschaften. Dabei wird sich nicht selten rassistischer, sexistischer oder länderspezifischer Klischees bedient.

Die diesbezügliche Forschung ist recht einseitig. So gibt es aufgrund der Frauenrechtsbewegungen recht viele Studien, welche den Sexismus betreffen. Diese sollen nicht Teil dieses Buches sein, da ihre umfassende analytische Beschreibung seinen Rahmen sprengen würde.

Etwas spärlicher sind die Forschungen über rassistische Vorurteile. Hier werden nur Studien bezüglich rassistischer Vorurteile in Geschichten und Computerspielen thematisiert und das Thema nur kurz angerissen. Einerseits sind viele Studien ideologisch-politisch gefärbt, entweder in die linke oder rechte Richtung, so dass sie nicht als objektiv gelten können. Andererseits besteht die Gefahr, dass die Bevölkerung auf die unterschiedlichen Hautfarben, wenn sie immer wieder thematisiert werden, erst aufmerksam gemacht wird. Langfristig könnte so Rassismus zementiert werden. Dies gilt selbst dann, wenn die Studie selbst in antirassistischer Absicht durchgeführt wurde.

Länderspezifische Vorurteilsstudien sind dagegen auffällig selten. Dies liegt vermutlich daran, dass die diesbezüglichen Studien zwangsläufig international durchgeführt werden müssen, falls sie die gegenseitigen Meinungen zwischen Ländern analysieren. Dabei müssen in der Regel Sprach- und Kulturbarrieren überwunden werden, was diese Studien aufwändig gestaltet. Zusätzlich laufen solche Studien immer Gefahr, durch patriotische Gefühle verzerrt zu werden. In Unterabschnitt … werden die überraschenden Ergebnisse einer Studienmethode vorgestellt, welche mit ein wenig Zeit und Fremdsprachenkenntnissen zu Hause nachgeprüft werden kann. Da sie auf der Autovervollständigung von Suchmaschinen beruht, vermeidet sie einen subjektiven Bias.

4.1 Rassische Stereotypen

In den meisten Fällen werden für Charaktere in Literatur, Computerspielen oder Filmen keine symbolische Tierfiguren oder Fabelwesen genommen, sondern einfach ganz normale Menschen mit überspitzten Charaktereigenschaften. Dabei wird sich nicht selten rassistischer, sexistischer oder länderspezifischer Klischees bedient.

So tragen Schwarze und Latinos in Computerspielen meist Baggy-Pants, Goldketten, Turnschuhe und eine verkehrt herum aufgesetzte Baseball-Cap. Sie sind auffallend oft in Drogengeschäfte verwickelt. Sie werden in Computerspielen häufig im Positiven als Athleten oder im Negativen als kriminelle Aggressoren dargestellt. Schwarze Männer tragen zudem seltener Schutzkleidung als Weiße und sie sind zudem technisch schlechter ausgestattet. Asiaten werden dagegen auf der einen Seite häufig als sehr intellektuell und schlau, aber auf der anderen Seite physisch schwach abgebildet (DeVane und Squire 2008; Burgess et al. 2011; Dill et al. 2012).

Die Hauptfiguren der meisten Filme und Computerspiele sind Weiße. Sie werden meist als Macher und Akteure dargestellt, die rational bis herzlos agieren. Wissenschaftler und Akademiker sind in Filmen und Computerspielen fast durchweg weiß.

Beobachtbare Klischees können negativer, neutraler oder positiver Natur sein. ◘ Tab. 4.1 zeigt dies übersichtlich.

4.2 Geschlechtsspezifische Stereotypen

Nicht nur bezüglich verschiedener Rassen, sondern auch bezüglich der Geschlechter existiert insbesondere in vielen analysierten Computerspielen immer noch eine klassische geschlechtsspezifische Rollenverteilung. Dies liegt unter anderem an der großen heteroesexuellen männlichen Zielgruppe, welche das Game-Design aus marktwirtschaftlichen Überlegungen bedienen muss.

◨ **Tab. 4.1** In Computerspielen bediente Klischees über verschiedene Rassen

	Weiße	Schwarze	Latinos	Asiaten	Indianer
Positiv	Friedlich, kreativ, akademisch	Musikalisch, sportlich, athletisch, lässig	Herzlich, fröhlich	Intelligent, fleißig	Weise, ehrlich, spirituell
Neutral	Dominant	Sexuell aktiv	Familienbewusst	Penibel	Stolz
Negativ	Herzlos, rassistisch, berechnend	Aggressiv, kleinkriminell, arm	Kriminell, dealend, arm	Einfallslos, unkreativ, schwächlich	Aggressiv, wild

In Computerspielen haben Frauen nicht selten große Oberweiten, enge Wespentaillen und tragen spärliche Kleidung. Dramaturgisch überflüssige Nacktszenen komplementieren die Sexualisierung der weiblichen Charaktere. Selbst bei Spielfiguren wie Lara Croft, die als Paradebeispiel einer starken, bewaffneten und wehrhaften Heldin in Computerspielen angesehen werden könnte, kann von Emanzipation nur schwerlich die Rede sein, da ihre sexuellen Reize ausschließlich für ein männliches Publikum gestaltet werden.

Frauen agieren zudem in Computerspielen meist passiver als Männer (Burgess et al. 2007; Behm-Morowitz 2009).

Es ist allerdings zu erwarten, dass die veraltete geschlechterspezifische Rollenverteilung in naher Zukunft abnehmen wird, da immer mehr weibliche Personen zu Computerspielen greifen. Laut einer Bitcom-Studie spielen 41 % der Frauen regelmäßig Games. Somit hat sich der Anteil weiblicher Spieler dem der männlichen Spieler (46 %) angenähert (Bitcom 2018).

4.3 Länderspezifische Stereotypen

Wenig erforscht, aber besonders offensichtlich ist in Romanen, Computerspielen und Filmen die Verwendung sogenannter *Sündenbockvölker* (peoples functioning as scapegoats)

für Schattenarchetypen, auf die alle negativen Eigenschaften projiziert werden, die zur Distanzierung dienen.

Sündenbockvölker variieren im Lauf der Zeit und von Kulturkreis zu Kulturkreis. Das wohl auffälligste Beispiel eines Sündenbockvolkes war bis zum Ende des Zweiten Weltkriegs unter dem fatalen Zeitgeist des Antisemitismus das jüdische Volk. Auf Juden wurden die negativen Eigenschaften Raffgier und Hinterlist projiziert. Im arabischen Raum und in rechtsradikalen Kreisen haben Juden bis heute die Stellung des Sündenbockvolkes beibehalten.

In britischen und US-amerikanischen Filmen und Games hat das „french bashing" Konjunktur. Viele Schattenarchetypen haben dort einen französischen Akzent. Sie werden meist als überzivilisierte, arrogante, leicht tuntige Karikaturen dargestellt, sodass sie eher als Kombinationen zwischen Trickster- und Schattenarchetypen angesehen werden können. Sie haben dabei trotz ihrer Kriminalität noch menschliche Eigenschaften.

Auch Russen haben in der angelsächsischen Welt die Funktion eines Sündenbockvolkes. Sie werden meist als harte, wodkasaufende Rüpel dargestellt. In Computerspielen, die Krieg zum Thema haben, sind statistisch gesehen die häufigsten Gegner Russen (Förtsch und Löwenstein 2011). Die Games Frontlines: Fuel of War (2008), Tom Clancy's EndWar (2008) und Call of Duty – Modern Warfare 2 (2009) sind dafür Beispiele.

4

In Russland wurde dies zum Politikum: Arseny Mironow[1], Berater des russischen Kulturministers Wladimir Medinsky[2], ließ in der Zeitung *Izwestia*[3] verlautbaren, dass er verärgert über das „negative Bild des russischen Soldaten" in Computerspielen sei. Spiele, die dieses Image des marodierenden und grobschlächtigen Russen weiter verbreiteten, sollten in Russland generell verboten und ihr Import untersagt werden. Er kündigte als Gegenmaßnahme an, „patriotische Computerspiele" staatlich zu fördern (Malai 2013). Mironows Maßnahmen scheinen zu wirken, zumindest schaffte es seit 2015 kein antirussisches Computerspiel mehr in die Top 20 der umsatzstärksten Computerspiele (IMDB 2018a).

Soll ein Bösewicht absolut grausam, herzlos und böse dargestellt werden, so greifen Angelsachsen meist auf Deutsche zurück. Die Computerspiele, welche unbarmherzige Deutsche als Feinde zeigen, sind zahlreich und haben weltweit eine hohe Verbreitung: In den Computerspielen Castle Wolfenstein (1981), Beyond Castle Wolfenstein (1991), Wolfenstein 3D (1992), Indiana Jones and the Fate of Atlantis (1992), Spear of Destiny (1992), Return to Castle Wolfenstein (2001), Prisoner of War (2002), Freedom Force vs. the 3rd Reich (2005), Operation Darkness (2008), Wolfenstein II (2009), Velvet Assasin (2009), Saboteur (2009), Sniper Elite V2 (2012), Wolfenstein: The New Order (2014), Wolfenstein: The Old Blood (2015), Zomie Army Trilogy (2015) und Wolfenstein II: The new Colossus (2017/18) sind deutsche Soldaten und/oder Wissenschaftler das erklärte Feindbild. In der Mehrheit werden sie als Sadisten dargestellt. Von Ausnahmen abgesehen ist es das Hauptziel des Spielers, Deutsche zu ermorden, um zu überleben (IMDB 2018b).

Das internationale Feindbild „Deutsch" hat sich – entgegen der landläufigen Meinung – nicht erst durch den Zweiten Weltkrieg

entwickelt, es war schon lange vorher vorhanden, wie historische Quellen belegen. So schreibt beispielsweise André Suarèz 1915 (S. 184 f.):

» Frankreich empfindet Abscheu gegenüber diesen Barbaren, es hat für sie den Namen Boches gefunden. […] Die Barbarei der Teutonen ist nicht von gewöhnlicher Art: sie ist ein Wunder an Stärke und Wissenschaft. Hunnen, Wandalen sind nichts als Beleidigungen. […] Boche ist ein wunderbares Wort: es malt aus und es modelliert. Es entspricht in seinem Volumen dem quadratischen Kopf, den es abgekürzt darstellt. Es gibt dessen Klang wieder, es besitzt dessen Geruch. […] Boche ist ein volkstümliches Wort. Es hat die Kraft des Volkes, das es geschmiedet hat. […] In Boche, das zuerst als Alboche existierte, steckt „caboche" [„Dickschädel", d. Verf.] und deutsch. Der Boche, das ist der Deutsche, dieser Dickschädel. […] Sie nur Barbaren zu nennen, genügte nicht. Es galt, das Bild der neuen Barbarei festzulegen, die selbst den Namen „Koultour" trägt. Hier ist sie: viereckiger Kopf mit Brille; Rohling – mit Erfinderpatenten; Doktor der Mordkunst, der Lüge, Doktor in der Kunst der Verleumdung, des Feuerlegens; menschgewordene Anmaßung; Zerstörungswut, die im Namen Gottes handelt; die blinde Seele der Rasse und der ganzen Wissenschaft. Der Barbar mit dem Kopf eines Deutschen, das ist der Boche […]. Boche steht für Menschenfresser und Possenreißer […]. Solange sie nicht mit den anderen Menschen Frieden geschlossen haben werden, gibt es in Europa keine Deutschen mehr: es gibt nur noch Boches.

Im selben Jahr wurde auch von renommierten Wissenschaftlern gegen Deutsche polemisiert. Als Beispiel sollen die Worte von Professor Just Edgar Eugène Bérillon (1859–1948) der École de Psychologie in Paris wiedergegeben werden. Es muss betont werden, dass er seine

---

1 Арсений Миронов.
2 Владимир Мединский.
3 ИЗВЕСТИЯ.

skurrilen Aussagen, die er auf einer akademischen Konferenz äußerte, keinesfalls satirisch meinte. Die Zeitung *Le Matin* druckte seine Rede unwidersprochen ab (Bérillon 1915, S. 1 & 2; Sausay 2018; Handro und Schönemann 2011, S. 185):

>> Der Deutsche hat einen spezifischen Geruch, faulig, übelriechend und anhaltend, die (sogenannte) Bromhidrose. Der urotoxische Koeffizient liegt bei Deutschen um mindestens ein Viertel höher als bei Franzosen. Dies bedeutet, dass, wenn 45 Kubikzentimeter französischer Urin benötigt werden, um ein Kilogramm Meerschweinchen zu töten, es nur 30 Kubikzentimeter des giftigeren deutschen Urins braucht, um das gleiche Ergebnis zu erzielen [...]. Das wichtigste organische Merkmal des heutigen Deutschen ist, dass er gegenüber seiner überlasteten Nierenfunktion durch seine überbordenden Harnbestandteile machtlos ist. Er muss daher das plantare Schwitzen hinzufügen. Man kann daher übertragen sagen, dass der Deutsche durch die Füße uriniert.[4]

Vor dem Ersten Weltkrieg wurden zudem gezielt Schauermärchen über Deutsche verbreitet, die aufgrund mangelnder unabhängiger Medien vom gemeinen Volk für bare Münze genommen wurden. Besonders verbreitet wurde in England und Frankreich die Warnung, Kinder und alte Damen sollten Deutschen nicht die Hand reichen, da die Deutschen die Angewohnheit hätten, aus purem Sadismus die Hände mit dem Säbel abzuschlagen (Zeyons 1976; Audoin-Rouzeau 1993). ◘ Abb. 4.1 zeigt diesbezügliche Propaganda.

Das Bild des sadistischen Deutschen wurde spätestens nach dem Zweiten Weltkrieg zum globalen Allgemeinplatz, sodass auch andere Kulturen – inklusive die Deutschen selbst – Deutsche negativ darstellen:

Wenn zum Beispiel die jeweils 20 erfolgreichsten Filme sowie die Top 20 der Games zwischen 1990 und 2017 in Deutschland als Grundlage genommen werden, so finden sich 25 negative, 9 neutrale und nur 2 positive Bezüge auf Deutsche bzw. Deutschland. Bei Russen ist das entsprechende Verhältnis 19–6–3. Zum Vergleich: Das entsprechende Verhältnis für US-Amerikaner liegt bei 7–23–76 (Insidekino 2018; IMDB 2018b).

Die negativen Bezüge zu den Deutschen können dabei direkt sein (der Bösewicht ist ein Deutscher):

- In „Stirb langsam: Jetzt erst recht" sind die Bösewichte ostdeutsche Terroristen, die von Jeremy Irons angestiftet werden.
- Im Film „Perdiendo el norte" („Ab nach Deutschland") kommen die spanischen Helden nur mit fünf Deutschen in Kontakt, obwohl der Film hautsächlich in Berlin spielt. Diese Deutschen haben allesamt schlechte Eigenschaften, sie sind Rassisten, kaltherzige überpünktliche Pedanten oder Betrüger.
- Im amerikanischen Film „Der Infiltrator" sind fast alle Deutsche rechtsextreme, mordende Skinheads. Dabei beansprucht der Film im Vorspann, auf einer realen Geschichte zu beruhen.
- Im historischen Ego-Shooter „Wolfenstein 3D" sind die Bösewichte deutschsprechende Nazis, welche zusammen mit deutschen Schäferhunden erschossen werden müssen.
- Der finnische Film „Iron Sky" thematisiert auf humoristische Weise deutsche

---

4 Im Original: L'Allemand dégage une odeur spécifique, fétide, nauséabonde imprégnante et persistante, la bromidrose. Le coefficient urotoxique est chez les Allemands au moins un quart plus élevé que chez les Français. Cela veut dire que s'il faut 45 centimètres cubes d'urine française pour tuer un kilogramme de cobaye il ne faudra que 30 centimètres cube d'urine allemande, plus toxique, pour obtenir le même résultat [...]. La principale particularité organique de l'Allemand actuel c'est qu'il est impuissant à éliminer par sa fonction rénale surmenée, tous les éléments uriques; il doit donc y ajouter la sudation plantaire, cette conception peut s'exprimer en disant que l'Allemand urine par les pieds.

4

La GUERRE N° 41. Une bonne Farce...

Un cavalier bavarois tend la main à une
vieille paysanne d'Alsace et au moment où
celle-ci lui présente la sienne, il l'abat d'un
coup de sabre, le sourire aux lèvres!

◘ Abb. 4.1   Französisches Propagandabild eines Bayern, der einer alten Elsässerin aus Sadismus die Hand abschlägt. (Zeyons 1976, S. 32)

sadistische Nazis, welche bis heute auf einer Mondbasis überlebt haben. Dem Film ist allerdings zugutezuhalten, dass es zumindest eine nette Deutsche gibt. Der finnische Film kann als Persiflage gegenüber dem übertriebenen Deutschenbashing in Hollywood angesehen werden.

Die Hinweise können aber auch mehr oder weniger subtil sein (der Bösewicht trägt einen deutschen Namen, spricht mit einem deutschen Akzent oder benutzt typische deutsche Marken), z. B.:
— Ein Bösewicht im Film „Mission Impossible" heißt „Franz Krieger".

— Die Bösewichte aus dem Film „Zurück in die Zukunft I" kommen zwar aus Libyen, fahren aber einen Volkswagen, während der Held mit einem DeLorean in die Vergangenheit fährt.

Die Liste der Stereotypen ist für eine globale Sicht etwas verzerrt, da ihr nur die deutschen Top 20 der letzten Jahre zugrunde liegen. Dies gibt keinesfalls die internationale Sicht wieder, aber die Sündenbockfunktion von Deutschen dürfte im Ausland eher noch stärker ausfallen. Als beispielsweise im Originalfilm „The Fifth Element" des Regisseurs Luc Besson aus dem Jahre 1997 zum ersten Mal skrupellose Monster erscheinen, werden sie von einem verwirrten Professor gefragt: „Are you Germans?" (Für die deutschen Kinos wurde diese Szene zu „Seid ihr von der Erde?" synchronisiert.)

4.4 Historische Vorurteilsstudien

Einzelfallanalysen können nur Indizien für länderspezifische Stereotypen liefern. Eine genaue Analyse kann nur mit entsprechenden statistischen Studien erfolgen. Solche Vorurteilsstudien liegen tatsächlich vor, aber die Quantität dieser Studien ist – gemäß der vorliegenden Recherche – mit gerade einmal neun gefundenen diesbezüglichen Studien seit der Jahrtausendwende dürftig. Ebenfalls lässt die Qualität der meisten dieser Studien zu wünschen übrig. Die mit 316 Seiten größte Metastudie ist schon über 65 Jahre alt. Sie heißt „National Stereotypes and International Understanding" und erschien schon 1951 im „International Social Science Bulletin". Sie ist daher als historisch zu werten, kann aber dazu verwendet werden, Verschiebungen in den Vorurteilen zu ermitteln (UNESCO 1951).

So scheinen sich einige Vorurteile hartnäckig zu halten. Russen wurden beispielsweise schon damals international als „grausam", „rückständig" und „tapfer" beschrieben.

Andere Vorurteile haben sich jedoch geändert. So war die Beschreibung von US-Amerikanern als „fortschrittlich", „praktisch", „intelligent", „großzügig" und „friedliebend" weltweit positiv. Sie stellt – wie in im späteren Kapitelverlauf noch aufgezeigt wird – das Gegenteil der Ergebnisse rezenter Studien dar, denn heute werden Amerikaner international als „dumm", „dick", „ignorant" und „verrückt" wahrgenommen (▶ Abschn. 4.5).

Auch die Einstellungen zu Franzosen haben sich verändert, wenn auch nicht in einem solch eklatanten Maße. Franzosen wurden schon damals als „eingebildet" aber zumindest als „intelligent" beschrieben. Interessant ist, dass die Meinung über Franzosen sich in Deutschland verbessert hat, sie wurden hierzulande in der Nachkriegsstudie unter anderem als „grausam" und „rückständig" wahrgenommen, diese Attributzuordnungen gibt es heute nicht mehr.

Untersuchungen der Meinungen über Deutsche, Österreicher und Schweizer liegen in der Metastudie leider keine vor (UNESCO 1951, S. 523).

❯ Stereotypen sind nicht fix, sie können sich von Generation zu Generation ändern.

4.5 Stereotypenforschung mittels Autovervollständigungsfunktionen

Eine Möglichkeit, Stereotypen in Sprachgebieten herauszufinden, sind die Autovervollständigungsfunktionen bei WhatsApp, Google und anderen Messagern bzw. Suchmaschinen. Ein entscheidender Vorteil ist es, dass man die Studie zu Hause nachprüfen kann, wenn man ein paar Tage Zeit, Fleiß und einen Computer bzw. Smartphone mit einem neu aufgespieltem Betriebssystem mitbringt, um die Ausgaben nicht durch vorherige Eingabewerte zu verfälschen.

Eine solche Studie wurde für das vorliegende Buch am 10.10.2016 mittels der Google-Autovervollständigung durchgeführt. Das Betriebssystem war ein neu aufgespieltes Windows 8.1. Es wurde der Internet Explorer 11.0 verwendet.

4

Die Idee dahinter ist folgende: Gibt man bei Google beispielsweise „Deutsche sind" in das Suchfeld ein, erscheinen Komplementierungsvorschläge wie „nichtmigranten mehr nicht", „hässlich", „weicheier" und „langweilig" (◻ Abb. 4.2). Diese Vorschläge werden durch statistische Analysen von Internetseiten und vorherigen Suchanfragen generiert. So steht in der Erklärung der Vervollständigung von Google (Googlesupport 2016):

» Die Vervollständigung von Suchanfragen wird ohne menschliche Beteiligung durch einen Algorithmus generiert. Der Algorithmus

— arbeitet mit objektiven Faktoren. Unter anderem wird berücksichtigt,

◻ **Abb. 4.2**   Beispiele für die Ergebnisse bei der Google-Autovervollständigung der Eingabe „Deutsche sind" in verschiedenen Sprachen. Diese können verwendet werden, um statistisch und objektiv Vorurteile über verschiedene Länder zu ermitteln

wie oft Nutzer in der Vergangenheit einen Begriff gesucht haben.

— ist darauf ausgelegt, die Vielfalt der im Web verfügbaren Informationen zu erfassen. Deshalb können die angezeigten Suchbegriffe manchmal merkwürdig oder erstaunlich wirken.

Damit geben diese Vorschläge objektiv die Meinung in einem bestimmten Sprachgebiet über ein Volk wieder.

Diese unvollständigen Sätze wurden nicht nur auf den deutschen Sprachraum begrenzt, sondern auch in anderen Sprachen eingegeben, um die dortigen Stereotypen herauszufinden, beispielsweise „Germans are" für den englischsprachigen Sprachraum, „Les Allemands sont" für den französischsprachigen, „Los Alemanes son" für den spanischsprachigen, „Duitser zijn" für den niederländischen etc. In den meisten Fällen erscheinen vier Autovervollständigungsvorschläge. Nur bei englischen Vorschlägen bleiben diese Vorschläge aus, vermutlich wegen Richtlinienverstößen infolge von als politisch inkorrekt erkannten Ausgaben, was im Sinne der Stereotypenforschung bedauerlich ist. So erklärt der Support von Google dazu (2016):

» Sollten für ein bestimmtes Wort oder Thema keine vervollständigten Suchanfragen erscheinen, hat dies wahrscheinlich einen der folgenden Gründe:
  — Der Suchbegriff ist nicht beliebt.
  — Der Suchbegriff ist zu neu. Eventuell sehen Sie erst in einigen Tagen oder Wochen entsprechende Vervollständigungen.
  — Der Suchbegriff wurde irrtümlich als Richtlinienverstoß angesehen.

Manchmal werden für einen Sprachraum auch unterschiedliche Vorschläge geliefert. Insbesondere in Abhängigkeit davon, ob die weibliche oder die männliche Form (z. B. „Französinnen sind" versus „Franzosen sind") verwendet wurde oder ob ein Artikel

dazugefügt wurde (z. B. „Franzosen sind" versus „Die Franzosen sind"). In machen Sprachräumen macht das Weglassen von Artikeln grammatikalisch keinen Sinn, z. B. im Französischen, hier wurde nur die Eingabeform mit Artikel gewählt.

Die komplementierten Sätze können dann wiederum gewichtet werden, indem sie in doppelte Hochkommas gesetzt werden (damit nur Treffer mit dem genauen Wortlaut gesucht werden) und wiederum in das Suchfeld eingegeben werden. Die Trefferanzahlen für bestimmte Synonymsätze wurden gesammelt und mit den Trefferanzahlen des antagonistischen Satzes verglichen.

Beispielsweise werden die Trefferanzahlen für „Deutsche sind schön", „Deutsche sind attraktiv", „Deutsche sind gutaussehend", „Deutsche sind „hübsch", „Les allemands sont beaux", „Les allemands sont attractifs" etc. aufsummiert. Ebenfalls wurden die Trefferzahlen der entsprechenden Gegensätze aufsummiert, z. B. „Deutsche sind hässlich", „Deutsche sind inattraktiv", Les allemands sont moches" etc. verglichen. Die beiden Summen wurden danach auf statistische Signifikanz geprüft.

Es wurden dabei folgende Sprachen berücksichtigt: Deutsch, Englisch, Französisch, Spanisch, Portugiesisch, Dänisch, Schwedisch, Norwegisch, Holländisch und Afrikaans.

Türkisch und Russisch mussten dagegen ignoriert werden, weil ihre grammatikalische Satzstruktur eine solche Eingabe nicht zulässt. Zum Beispiel wird in der russischen Alltagssprache das Verb „sein" weggelassen. Ein Russe würde beispielsweise nicht sagen „Deutsche sind gut", sondern übertragen „Deutsche gut"[5]. Andere Sprachen wie Chinesisch, Japanisch, Hebräisch und Arabisch konnten ebenfalls nicht berücksichtigt werden, da der Autor des vorliegenden Buchs kaum über Kenntnisse in diesen Sprachen

---

5 Im Original: Немецкий хороши.

4

verfügt. Die Studie gibt also im Wesentlichen nur Stereotypen der westlichen Welt wieder.

So wurden die vier Attribute herausgefunden, die am häufigsten genannt wurden und gleichzeitig eine statistische Signifikanz hatten. Die Ergebnisse der Vorurteilsstudie sind für die meisten Länder wenig schmeichelhaft:

— Deutsche sind demnach kaltherzig, rassistisch, humorlos und böse.

— Österreicher haben genau die gleichen vier Hauptattribute wie die Deutschen. Sie gehören damit zum selben Sündenbockarchetyp. Sie werden auch international zu den Deutschen gezählt, was die Google-Vervollständigungen zeigen, so war die häufigste Vervollständigung „Österreicher sind Deutsche". Anscheinend wird in den meisten Ländern nicht zwischen Deutschen und Österreichern unterschieden, ähnlich wie hierzulande oft nicht zwischen Peruanern und Bolivianern differenziert wird.

— Schweizer werden international ebenfalls zu den Deutschen gerechnet. Anscheinend tragen die Sprachräume Französisch, Italienisch und Rätoromanisch kaum zum Schweizer Image bei, wobei bei Schweizern die Attribute „humorlos" und „böse" durch „langsam" und „reich" ausgetauscht sind, womit sie etwas besser wegkommen als Deutsche und Österreicher.

— Franzosen sollen auf der einen Seite schwul und arrogant, aber auf der anderen Seite attraktiv und cool sein.

— Schotten sind geizig, rassistisch, rothaarig und borniert.

— US-Amerikaner sind dumm, dick, ignorant und verrückt.

— Iren sind betrunken, rothaarig, herzlich und klein.

— Engländer sind hässlich, eigenartig, schlecht angezogen und kalt. Besonders schlecht kommen sie im französischsprachigen Raum weg, wo ihnen das Hauptattribut schmutzig gegeben wird. (Umgekehrt hält sich im angelsächsischen Raum hartnäckig das Vorurteil, den

Franzosen fehle es an Hygiene. Damit werfen sich Franzosen und Briten gegenseitig „Schmutzigkeit" vor.)

— Spanier werden sehr positiv gesehen, sie sind in der internationalen Meinung stolz, machohaft, heißblütig und attraktiv, mit der großen Ausnahme des portugiesischen Sprachraumes, dort gelten sie als arrogant, hässlich, dumm und laut.

— Italiener sind schöne, romantische und eifersüchtige Machos. Italiener werden damit ähnlich gesehen wie Spanier.

— Türken sind schwul, doof, aggressiv und faul. Nur in Deutschland haben sie einen weitgehend guten Ruf, dort fehlt in der Autovervollständigungsliste das Attribut „faul". Dafür wird „Die Türken sind die Besten" angezeigt. Das schlechteste Image haben Türken in den romanischen Ländern, wo ihnen statt Homosexualität Unehrlichkeit beschieden wird.

— Russen sind hart, gefährlich, verrückt und gutaussehend.

— Chinesen sind lustig, seltsam, fleißig und grob.

— Die Japaner sind freundlich, bewundernswert, merkwürdig und vor allem im romanischen Sprachraum „von einem anderen Planeten".

Bei anderen Ländern konnten nicht genug Suchergebnisse gesammelt werden, um statistisch relevante Ergebnisse zu erzielen. Aber zumindest bei einigen konnte jeweils ein Hauptattribut ermittelt werden: Griechen sind faul, Polen sind fleißig, Araber sind diebisch, Juden sind reich und Brasilianer sind „die Schönsten".

Diese Vorurteile sind in der Regel objektiv haltlos. So wird beispielsweise das in der obigen Studie herausgefundene Vorurteil, Deutsche seien „rassistisch", durch objektive Studien widerlegt. Bei einer großangelegten Befragungsstudie von 8026 europäischen Bürgern, die in acht europäischen Ländern durchgeführt wurde (Deutschland, Frankreich, Großbritannien, Polen, Portugal, Ungarn, Italien und Niederlande), lag Deutschland bei den Rassismusvariablen sogar leicht unter dem Mittelwert (Zick et al. 2011).

Auch bei ähnlichen Variablen zu Homophobie, Antisemitismus, Sexismus, Islamophobie und Fremdenfeindlichkeit lag Deutschland im Mittelfeld oder im unteren Drittel. Insgesamt war Deutschland sogar leicht unter dem Durchschnitt und gehört zusammen mit den Niederlanden und Frankreich zu den liberalsten Ländern (Zick et al. 2011, S. 64):

» Wie es sich bereits in den Häufigkeitsanalysen angedeutet hat, weist Ungarn die signifikant höchsten Fremdenfeindlichkeitswerte auf. Knapp darunter liegen die Mittelwerte von Großbritannien, Polen und Italien. In Deutschland und Portugal erreicht die Fremdenfeindlichkeit vergleichsweise eine etwas geringere Dimension. Die signifikant geringste Fremdenfeindlichkeit ist in Frankreich und den Niederlanden zu erkennen. Es sei noch einmal betont, dass sich die Länder im Ausmaß der Fremdenfeindlichkeit absolut gesehen nur geringfügig unterscheiden.

So gaben bei einer Befragung in acht europäischen Ländern zur Frage „Zuwanderer bereichern unsere Kultur." 75 % der Deutschen eine positive Antwort. Damit liegen sie am liberalsten Ende der Befragungsskala. Im Vergleich gaben nur 71,2 % der Briten, 70,8 % der Franzosen, 74,9 % der Niederländer, 61 % der Italiener, 73,7 % der Portugiesen, 64,2 % der Polen und 57 % der Ungarn auf die entsprechende Frage eine positive Antwort. Bei den anderen Antworten bezüglich Fremdenfreundlichkeit lag Deutschland eher im Mittelfeld oder im liberalen Drittel (Zick et al. 2011, S. 62). Dabei hat Deutschland den höchsten Migrantenanteil der befragten Länder.

Auch bei den anderen Vorurteilen dürfte es sich um veraltete kulturelle Missverständnisse handeln. So kommt beispielsweise das gegenseitige Vorurteil zwischen Briten und Franzosen, sie seien schmutzig, dadurch

zustande, dass sowohl der Londoner als auch der Pariser Adel vor der Französischen Revolution auf das Waschen verzichtete. Moderne Franzosen duschen und waschen sich dagegen häufiger als Durchschnittseuropäer, was indirekt an dem Seifen-, Shampoo- und Wasserverbrauch pro Kopf erkennbar ist. Briten liegen zwar unter dem europäischen Durchschnitt, aber immer noch in der Norm (DPA 2007; Zipprick 2017).

> Die meisten länderspezifischen Stereotypen sind unbegründet. Sie resultieren aus kulturellen Missverständnissen.

4.6 Stereotypenforschung durch Befragungsstudien

Eine andere Möglichkeit zur Erfassung von Vorurteilen sind Befragungsstudien. Die diesbezüglichen Ergebnisse müssen jedoch im Allgemeinen mit Vorsicht genossen werden, denn möglicherweise befürchten die Befragten, politisch unkorrekte Antworten über andere Länder zu geben. Trotzdem können sie das gewonnene Bild über Vorurteile komplementieren:

Das PEW Research Center kam 2013 durch Befragung von 7646 Personen aus Deutschland, Frankreich, Polen, Großbritannien, Tschechien, Griechenland, Italien und Spanien auf ähnliche länderspezifische Vorurteile wie die in ► Abschn. 4.5 dargestellte Autovervollständigungsstudie. So wurden die Franzosen als am arrogantesten bewertet. Die Deutschen wurden als am wenigsten mitfühlend und empathisch wahrgenommen.

Es gab bei einem Attribut eine Ausnahme: Die meisten Länder würden Deutschen trotz ihrer vermeintlichen Boshaftigkeit seltsamerweise am meisten trauen, dies aber mit Ausnahme von Griechenland, Deutsche bekamen dort bei „Vertrauenswürdigkeit" und allen anderen Eigenschaften die schlechtesten Bewertungen. Scheinbar hat die 2010 beginnende Austeritätspolitik der großen Koalition

4

dazu geführt, dass Deutschland in Griechenland zum Sündenbock für ihre Notlage geworden ist.

Skurril ist auch die Selbstwahrnehmung der Italiener, die ihren eigenen Landsleuten am wenigsten trauen.

Ein weiteres Ergebnis ist, dass jedes Land sich selbst als am empathischsten beschrieb. Anscheinend kann man Empathie bei den eigenen Landsleuten leichter spüren, Ausländern schreibt man automatisch Mitgefühl ab (◘ Tab. 4.2).

In der ersten Clingendael-Studie, die im Jahr 1992 durchgeführt wurde, wurden 1807 niederländische Jugendliche zwischen 15 und 19 Jahren über ihre Meinungen zu verschiedenen Ländern befragt. Der Fokus lag auf der Meinung über Deutschland.

Dabei wurden Deutsche als das unsympathischste Volk beschrieben (Clingendael 1993, S. 19). Deutsche nahmen in allen Eigenschaftsattributen die schlechteste Position ein.

Der Aussage „Deutsche wollen die Welt beherrschen" stimmten 40 % zu, der Aussage „Deutsche sind arrogant" 57 %. Die Studie zeigte, dass trotz der geografischen Nähe nur wenige niederländische Jugendliche jemals näheren persönlichen Kontakt zu Deutschen hatten und sie ihre Meinung über Deutsche fast ausschließlich über die Medien und durch ihre Erfahrungen auf der Autobahndurchreise zu mediterranen Urlaubsorten bildeten (Clingendael 1993). Die Clingendael-Studie wurde 1997 wiederholt und ergab leicht verbesserte Ergebnisse (Clingendael 1997).

2006 und 2010 wurden ähnliche Befragungen vom Duitslandinstitut durchgeführt, die zeigten, dass das Bild über Deutschland weitgehend zum Positiven umgeschlagen war. 80 % empfanden Deutsche nun als sympathisch und vernünftig. Die Beliebtheitswerte von Deutschland übertrafen dabei sogar diejenigen von Italien, Frankreich und Dänemark. Die befragten Niederländer betonten nun oft die Ähnlichkeiten ihrer eigenen Sprache, Mentalität und Kultur zu der deutschen. Durch die offenen Grenzen

im EU-Binnenmarkt hatten die Kontakte zugenommen. So war ungefähr die Hälfte der Befragten schon über fünf Mal in Deutschland (Duitslandinstitut 2011; Huijnen 2013).

In einer Studie der Universität Duisburg-Essen wurden von Baur und Oseenberg Türken über Deutsche und Deutsche über Türken telefonisch befragt. Grundlage war eine 140 Merkmale umfassende Liste von Eigenschaften, denen die Probanden zustimmen konnten.

Das Ergebnis war in beiden Richtungen neutral bis positiv. So nehmen Deutsche die Türken als religiös, familienorientiert, heimatliebend, traditionsgebunden, gastfreundlich, mit Nationalstolz und Zusammengehörigkeitsgefühl versehen, gesellig, freundlich und kinderlieb, als gute Hausfrauen, emotional, impulsiv, selbstbewusst, großherzig, konservativ, kameradschaftlich und großzügig wahr. Damit ist ihre Meinung über Türken besser als diejenige der Türken über sich selbst, denn diese empfinden sich unter anderem als fanatisch und militaristisch.

Umgekehrt finden die Türken die Deutschen diszipliniert, trinkfreudig, pünktlich, fleißig, arbeitsfreudig, pflichtbewusst, umweltbewusst, ordentlich, rassebewusst, distanziert, kultiviert, reserviert, tierliebend, als gute Wissenschaftler, sportlich, gut gewachsen und selbstbewusst. Nur 16,44 % der Türken denken, dass Deutsche fremdenfeindlich seien. Bei den befragten Deutschtürken kam das Wort „fremdenfeindlich" unter den 20 am häufigsten genannten sogar überhaupt nicht vor, obwohl der Begriff zur Auswahl stand (Baur et al. 2016).

Es ist also zu beobachten, dass das Bild, welches Deutsche von Türken haben und umgekehrt, wesentlich differenzierter und positiver ausfällt als die internationale Durchschnittsmeinung über die beiden Völker.

Eine Erklärung für die gegenseitigen positiven Meinungen könnte in dem erzwungenen Miteinander liegen. So dürfte fast jeder Deutsche alltäglich Kontakt mit Türken haben, sei es z. B. als Freund, als Mitschüler, als Kommilitone, als Arbeitskollege oder auch nur

◘ Tab. 4.2 Ergebnisse der PEW-Studie über Vorurteile in Europa (PEW 2013)

	Vertrauenswürdig		Arrogant		Mitfühlend	
	am meisten	am wenigsten	am meisten	am wenigsten	am meisten	am wenigsten
Großbritannien	Deutschland	Frankreich	Frankreich	Großbritannien	Großbritannien	Deutschland
Frankreich	Deutschland	Griechenland	Frankreich	Frankreich	Frankreich	Großbritannien
Deutschland	Deutschland	Griechenland, Italien	Frankreich	Deutschland	Deutschland	Großbritannien
Italien	Deutschland	Italien	Deutschland	Spanien	Italien	Deutschland
Spanien	Deutschland	Italien	Deutschland	Spanien	Spanien	Deutschland
Griechenland	Griechenland	Italien	Deutschland	Griechenland	Griechenland	Deutschland
Polen	Deutschland	Deutschland	Deutschland	Polen	Polen	Deutschland
Tschechien	Deutschland	Griechenland	Deutschland	Slowakei	Tschechien	Deutschland

bei der Bestellung seines Döners. Umgekehrt haben im internationalen Vergleich überdurchschnittlich viele Türken Kontakt zu Deutschen.

Anscheinend ist der alltäglichen Kontakt dazu geeignet, negative Vorurteile abzubauen. Feindselige unrealistische Meinungen werden durch die Kontaktnahme abgebaut und werden durch ein differenziertes realitätsnäheres Bild ersetzt, ohne Mentalitätsunterschiede gänzlich zu negieren.

> **Persönliche Kontakte bauen unrealistische Stereotypen ab. Sie werden durch eine objektive Einschätzung ersetzt.**

Somit könnten gemeinsame Studenten- und Schüleraustausche, Auslandstipendien, internationale Ferienlager, multikulturelle Survival-Camps und internationale Themen- und Forschungsprojekte geeignet sein, sich gegenseitig besser zu respektieren.

Immigration kann dazu auch geeignet sein, hat aber neben dem Abbau von Vorurteilen immer den Preis der kulturellen Entwurzelung. Bei negativer autochthoner Demografie, wie sie in Deutschland, Österreich, Schweiz und einigen anderen westlichen Ländern zu finden ist, kann zudem eine ausreichende Kulturübertragung vom Gastland auf die Immigranten nur schwer stattfinden (Breiner 2012).

Stereotypen und ihre Verwendung in Computerspielen

Sexistische, rassistische und vor allem länderspezifische Stereotypen werden in Filmen und Computerspielen als Schattenarchetypen häufig verwendet.

Die meisten diesbezüglichen Vorurteile sind objektiv haltlos und selbst diejenigen, die einen wahren Kern haben, rechtfertigen nicht die pauschale Verurteilung aller Individuen eines Geschlechtes, einer Rasse oder eines Landes. Schließlich gibt es beispielsweise weder „den Mann", „den Schwarzen" noch „den Amerikaner". Jede Person ist einzigartig.

4

Vorurteilsbelastete Klischees zwängen ganze Gruppen kollektiv in negative Rollen. Es besteht immer die Gefahr, dass diese Rollenverteilung sich in der Praxis verselbstständigt und außer Kontrolle gerät. Dies kann im Extremfall zu Genoziden und Kriegen führen, wie wir aus unserer leidvollen Geschichte wissen. Hier hat jeder Autor, Regisseur oder Game-Designer eine besondere Verantwortung, die Verwendung von Klischees real existierender Personengruppen zu vermeiden.

Literatur

Audoin-Rouzeau, S. (1993). *La guerre des enfants. Essai d'histoire culturelle.* Paris: Armand Colin.

Baur, R. S., Uslucan, H.-H., & Ossenberg, S. (2016). Informationen zum Forschungsprojekt „Deutsch und Türkische Stereotype im Vergleich". ► https://www.uni-due.de/imperia/md/images/ikk/ergebnisse_side.pdf. Zugegriffen: 14. Okt. 2016.

Behm-Morawitz, E. (2009). The effects of the sexualization of female videogame characters on gender stereotyping and female self-concept. *Sex Roles, 61,*808–823.

Bérillon, J. E. E. (14. Juli 1915). Les cadavres boches sentent plus mauvais que ceux des Français. *Le Matin.*

Bitcom. (2018). Mobil und vernetzt – Die Gaming Trends. Bitkom-Studie. ► https://www.bitkom.org/Presse/Presseinformation/Mobil-und-vernetzt-Die-Gaming-Trends-2017.html. Zugegriffen: 22. Jan. 2018.

Breiner, T. (2012). *Exponentropie – Warum die Zukunft anders war und die Vergangenheit gleich wird.* Darmstadt: Synergia Verlag.

Burgess, M. C. R., Dill, K. E., Stermer, S. P., Burgess, S. R., & Brown, B. P. (2011). Playing with prejudice: The prevalence and consequences of racial stereotypes in video games. *Media Psychology, 14,*289–311.

Burgess, M. C. R., Stermer, S. P., & Burgess, S. R. (2007). Sex, lies and videogames: The portrayal of male and female characters on videogame covers. *Sex Roles, 57,*419–433. ► https://doi.org/10.1007/s11199-007-9250-0.

Clingendael. (1993). Clingendael-Studie. ► https://www.clingendael.nl/sites/default/files/19930300_paper_bekend_en_onbemind.pdf. Zugegriffen: 10. Okt. 2016.

Clingendael. (1997). Clingendael-Studie II. ► https://www.uni-muenster.de/HausDerNiederlande/Zentrum/Projekte/Schulprojekt/Lernen/Beziehungen/30/20.html. Zugegriffen: 10. Okt. 2016.

DeVane, B., & Squire, K. D. (2008). The meaning of race and violence in grand theft: San andreas. *Games and Culture, 3,*264–285.

Dill, K. E., & Burgess, M. C. R. (2012). Influence of black masculinity game exemplars on social judgments. *Simulation & Gaming, 4*(4), 562–585.

DPA. (2007). Jährlicher Wasserverbrauch in den Industrieländern je Einwohner in 1000 Liter. ► http://www.blikk.it/angebote/primarmathe/kma0423b.htm und ► https://www.yumpu.com/de/document/view/21671180/wasser-ein-globales-politisches-problem-dr-peter-barth/35. Zugegriffen: 05. Jan. 2018.

Duitsland Institut Amsterdam. (2011). Rapport Belevingsuonderzoek Duits 2010. ► https://duitslandinstituut.nl/assets/hippo_binaries/assets/duitslandweb/Actueel/rapport-beleving-def.pdf?v=1. Zugegriffen: 10. Okt. 2016.

Förtsch, M., & Löwenstein, M. (03. Mai. 2011). Und täglich grüßt das Game-Klischee. ► http://www.t-online.de/spiele/id_46162282/rollenbilder-in-videospielen-und-taeglich-gruesst-das-game-klischee.html. Zugegriffen: 18. Jan. 2018.

Googlesupport. (2016). Automatische Vervollständigung bei der Suche nutzen. ► https://support.google.com/websearch/answer/106230?hl=de. Zugegriffen: 10. Okt. 2016.

Handro, S., & Schönemann, B. (2011). *Visualität und Geschichte.* Münster: LIT.

Huijnen, P. (2013). Twintig jaar onderzoeken naar het Duitslandbeeld. Duitsland Institut Amsterdam. ► https://duitslandinstituut.nl/artikel/2981/twintig-jaar-onderzoeken-naar-het-duitslandbeeld. Zugegriffen: 10. Okt. 2016.

IMDB. (2018a). Most Popular Video Games Released 2015–01–01 to 2017–12–31. ► http://www.imdb.com/search/title?sort=moviemeter&title_type=game&year=2015,2017. Zugegriffen: 24. Jan. 2018.

IMDB. (2018b). Most Popular Video Games Released 1990–01–01 to 2017–12–31. ► http://www.imdb.com/search/title?sort=moviemeter&title_type=game&year=1990,2017. Zugegriffen: 24. Jan. 2018.

Insidekino. (2018). Box Office Welt. ► http://www.insidekino.de/BO.htm. Zugegriffen: 24. Jan. 2018.

Malai, E. (Малай, Елена). (2013). Sadatschu wospitanja patriotisma prawitelstwo reschit igrajutschi – Minkultypy i minpromtorg w 2014 godu natschnut wypusk patriotitschnych wideoirg (Задачу воспитания патриотизма правительство решит играючи – Минкультуры и Минпромторг в 2014 году начнут выпуск патриотичных видеоигр). In der Zeitung ISWESTIA (ИЗВЕСТИЯ) vom 04. Okt. 2013. ► http://izvestia.ru/news/558084 Zugegriffen: 07. März 2014.

PEW. (2013). The new Sick Man of Europe: the European Union. ► http://www.pewglobal.org/2013/05/13/the-new-sick-man-of-europe-the-european-union/. Zugegriffen: 05. Okt. 2018.

Sausay, B. (2018). Das Feindbild der Deutschen/ Das Feindbild der Franzosen. In DeuFraMat. ▶ http://www.deuframat.de/konflikte/krieg-und-aussoehnung/der-erste-weltkrieg-im-kollektiven-gedaechtnis-der-deutschen-und-der-franzosen/das-feindbild-der-deutschen-das-feindbild-der-franzosen.html. Zugegriffen: 19. Okt. 2016.

Suarèz, A. (1915). *Nous et Eux*. Paris, S. 44–48. Zit. nach Wolfgang Leiner (1989). *Das Deutschlandbild in der französischen Literatur*. Darmstadt: Wissenschaftliche Buchgesellschaft.

UNESCO. (1951). National Stereotypes and International Understanding. In International Social Science Bulletin. ▶ http://unesdoc.unesco.org/images/0005/000593/059379eo.pdf. Zugegriffen: 18. Jan. 2018.

Zeyons, S. (1976). *Le roman-photo de la Grande Guerre*. Paris: Éditions Hier et demain.

Zick, A., Küpper, B., & Hövermann, A. (2011). *Die Abwertung der Anderen*. Forum Berlin: Friedrich-Ebert-Stiftung.

Zipprick, J. (2017). Frankreich für die Hosentasche. Was Reiseführer verschweigen. Frankfurt am Main: Fischer-Verlag.

Narratologie in Computerspielen

© Springer-Verlag GmbH Deutschland, ein Teil von Springer Nature 2019
T. C. Breiner, *Psychologie des Geschichtenerzählens,* https://doi.org/10.1007/978-3-662-57862-9_5

Die Lehre der kreativen Interaktion im Rahmen der Spielregeln trägt die Bezeichnung *Ludologie* (ludology). Computerspiele sind zunächst ein ludologisches Gebilde, denn die Spielhandlung entwickelt sich im Rahmen der Spielregeln emergent vom Spieler aus.

Die Wissenschaft der Handlung wird dagegen *Narratologie* (narratology) genannt. Um die narrative Dimension von Spielen zur klassischen Narratologie abzugrenzen, welche bei Autoren und Filmwissenschaften angewandt wird, nennt sich die Narratologie in Spielen auch *interaktive Erzähllehre* (interactive storytelling).

Im Game-Design wird auf die interaktive Erzähllehre ein besonderer Wert gelegt. Dies liegt vor allem daran, dass Dozenten mit Spezialisierung in Narratologie besonders einfach zu finden sind, da sie schon an Filmhochschulen gebraucht wurden und beim Aufstieg der gamespezifischen Studienfächer einfach das Fach gewechselt hatten. Es existiert daher kaum eine gamespezifische Hochschule, welche nicht irgendein Modul in „Interactive Storytelling" anbietet.

Dagegen wird der ludologische Charakter von Computerspielen oft vernachlässigt. Der berühmte Game-Designer John Carmack hat sich über diese Überbewertung der Handlung in akademischen Kreisen lustig gemacht:

» Die Handlung in einem Computerspiel ist wie die Handlung in einem Porno. Man erwartet, dass sie vorhanden ist, aber sie ist nicht so wichtig[1] (Kushner 2004, S. 120).

Und auch der Game-Designer Markku Eskelinen hat nur hämische Worte für die Übermacht der Narratologen übrig:

» Wenn ich Ihnen einen Ball zuwerfe, erwarte ich von Ihnen nicht, dass Sie ihn fallen lassen und warten, bis er anfängt,

Geschichten zu erzählen[2] (Eskelinen 2004, S. 34).

Der Diskurs, der sich in diesen provozierenden Aussagen widerspiegelt, wurde in der einschlägigen Fachpresse in Ermangelung anderer interessanter Reibungspunkte zum „großen Kampf" zwischen Narratologen und Ludologen hochstilisiert (Weidmann 2013).

Zwar ist dieser Begriff etwas martialisch und effekthascherisch, im Grundsatz trifft er die Situation aber durchaus: Es gibt in der akademischen Welt durchaus zwei entsprechende Fraktionen von Game-Designern mit fundamental unterschiedlichen Paradigmen. Die eine Fraktion konzentriert sich auf die erzähltechnischen und die anderen auf die ludologischen Aspekte.

Die ludologisch eingestellten Game-Designer mögen auf der einen Seite recht haben, auf der anderen Seite folgen viele Game-Genres durchaus einem festgelegten Narrativ, welches ihre Hauptkomponente ausmacht.

Dazu zählen insbesondere *Erzählspiele* (adventure games), aber auch *Rollenspiele* (role playing games, RPGs), welche gemäß einer Sequenz von Quests aufgebaut sind. Aber auch diese Genres haben stets eine kleinere ludologische Komponente. Bei Erzählspielen kann der Spieler durch spielerisches Ausprobieren und erfolgreiches Rätselraten die Handlung des Spiels vorantreiben. Und auch bei Rollenspielen mit sequentiellen Quests sind die einzelnen Quests hauptsächlich ludologisch, während die Kette der Quests einem narrativen Handlungsfaden folgt.

Auch Spiele wie Splinter Cell stellen dem Spieler Aufgaben, die er weitgehend nacheinander ausführen muss. Insofern ist automatisch ein sequentieller Handlungsfaden vorhanden, wenn er auch rein erzähltechnisch banal und flach ausgeprägt ist.

---

1   Im Original: Story in a game is like a story in a porn movie. It's expected to be there, but it's not that important.

2   Im Original: If I throw a ball at you, I don't expect you to drop it and wait until it starts telling stories.

Ausschließlich narratologisch sind nur Filme sowie Romane, Mythen, Märchen und sonstige Geschichten. Jedes Computerspiel hat zumindest eine kleine ludologische Komponente, sonst wäre es per Definition kein Spiel.

> **Ein Computerspiel ist nie vollkommen narratologisch.**

Bei genauerer Betrachtung gibt es – entgegen der Auffassung der meisten Ludologen – sogar kein rein ludologisches Computerspiel, selbst wenn dies auf den ersten Blick so aussehen mag (▶ Abschn. 5.1).

Rein ludologische Spiele ohne narrative Komponente findet man eigentlich nur bei den Echtlebensspielen, die sich kreativ, spontan und emergent entwickeln, wie Fangen, Räuber und Gendarm, Dosenkicken, etc. Ein Computerspiel ist dagegen immer eine Chimäre aus Ludologie und Narratologie.

> **Ein Computerspiel ist nie vollkommen ludologisch.**

5.1 Kontinuum zwischen Narratologie und Ludologie

Aus der Tatsache heraus, dass es sowohl narrative Computerspiele auf der einen Seite als auch ludologische auf der anderen Seite gibt, aber kein einziges rein narratives oder ausschließlich ludologisches Spiel, wird im vorliegenden Buch der Versuch gemacht, Filme, Computer- und Echtlebensspiele als ein Kontinuum aufzufassen.

In diesem Kontinuum wird ein Aspekt von Games offensichtlich: Computerspiele stehen zwischen Filmen auf der einen Seite, welche rein narratologisch sind, und Echtlebensspielen auf der anderen, welche die ausschließlich ludologische Komponente repräsentieren. Computerspiele schlagen somit eine Brücke zwischen Film und Echtlebensspielen (◖ Abb. 5.1).

Aus diesem Grund ist es falsch, einen Aspekt im Game-Design zu vernachlässigen: Bleibt die Ludologie auf der Strecke, dann

Das Kontinuum zwischen Narratologie und Ludologie

narratologisch ◀ ▶ ludologisch

© Tobias Breiner

◖ **Abb. 5.1** Skizze des Kontinuums zwischen eher narrativen und eher ludologisch geprägten Echtlebensspielen, Games oder Filmen. Die Bildrechte der obigen Unterbilder gehören von links nach rechts Ellgaard (1959), Monochrom (2009), Stiftelsen Elektronikbransjen (2013) und Kantenflimmern (2009) und Breiner

gerät der Spieler nicht in einen *Spiele-rausch* (flow). Wird dagegen die Narratologie stiefmütterlich behandelt, bleibt die tiefenpsychologische Dimension der Spiele unberücksichtigt. Nur durch eine gelungene Interaktion zwischen Narratologie und Ludologie wird ein Game-Design-Konzept seine optimale Wirkung zeigen.

> ❯ **Computerspiele schlagen eine Brücke zwischen Filmen und Echtlebensspielen.**

5.2 Narrative Dimensionen

Der einem Spiel inhärente Handlungsstrang, den einige Games aufweisen, kann als *offensichtlich-inneres Narrativ* bezeichnet werden. Das „offensichtlich" bezieht sich darauf, dass der Spieler die Handlungsfäden klar als solche erkennt. Das „innen" bezieht sich darauf, dass die Handlung vom Game-Designer als inhärenter Teil des Spieles festgelegt wurde.

Bei genauerer Betrachtung gibt es aber kein Computerspiel, welches überhaupt kein Narrativ aufweist. Viele Computerspiele verlagern die Handlung in den Vorspann oder in einen Game-Trailer. Dies kann als *offensichtlich-äußeres Narrativ* bezeichnet werden, da die Handlung außerhalb des eigentlichen Spiels stattfindet, aber trotzdem klar für den Spieler ersichtlich ist.

Daneben gibt es aber auch ein Narrativ, welches durch die zwangsläufige technische Limitierung der Computerspiele entsteht und erst bei genauem Nachdenken über die beschränkten Freiheiten, die ein Spiel bietet, ersichtlich ist. Sie kann als *versteckt-inneres Narrativ* bezeichnet werden.

Zu guter Letzt gibt es bei vielen Computerspielen auch Legenden und Gerüchte, die sich um das Computerspiel ranken. Diese Geschichten können als *versteckt-äußeres Narrativ* bezeichnet werden.

Letzen Endes bilden die Handlungspositionen eines Computerspiels ein zweidimensionales orthogonales Kontinuum. ◾ Abb. 5.2 veranschaulicht dies in Form einer Skizze.

Im Folgenden werden die narrativen Dimensionen detailliert behandelt.

5.2.1 Offensichtlich-inneres Narrativ

Einige Computerspiele haben eine offensichtlich-inneres Narrativ. Ihre Handlungskomponente ist für Game-Designer und Spieler

äußere

Handlung der Gerüchte im Umfeld eines Games

Handlung im Vorspann und Werbetrailer

versteckt   offensichtlich

implizite Handlung durch die Limitierung von Games

implementierte Handlung im Spielverlauf

innere

◾ **Abb. 5.2**   Quadrantenstruktur der narrativen Position in Games

klar ersichtlich (offensichtlich) und sie befindet sich innerhalb des eigentlichen Spielverlaufes (innen). Hier steht die narrative Dimension auch für Ludologen außer Zweifel.

Die offensichtlich-innere Handlung ist in der Regel vom Game-Designer intendiert. Sie findet sich zwingend bei Erzählspielen, aber auch bei allen anderen Spielen mit expliziten Handlungssträngen, z. B. wenn der Spieler in einem Parallelwelt- oder Rollenspiel eine sequentielle Reihe von Prüfungen bestehen muss. Dagegen finden sich bei reinen Denk-, Musik-, Plan-, Sport- und Simulationsspielen in der Regel keine offensichtlich-innere narrative Elemente.

5.2.2 Versteckt-inneres Narrativ

Eine narrative Komponente findet sich letzten Endes bei jedem Game. Ein Computerspiel ist immer programmiert. Diese banale Tatsache führt dazu, dass immer nur eine endliche Anzahl von Rechenoperationen als Reaktionen auf die interaktiven Eingaben des Spielers erfolgen kann – oder anders ausgedrückt, nur das, was die Programmierer im Vorfeld bedacht und implementiert haben, wird auch für den Spieler möglich sein.

Dies gilt auch dann, wenn es sich um Parallelweltspiele handelt, die dem Spieler angeblich freie Wahl in ihren Handlungen lassen, wie beispielsweise in den Spielen der GTA-Reihe. Trotzdem wird ein Spieler in GTA IV niemals Liberty City verlassen können, er wird immer Niko Bellic spielen, er wird niemals ein Lagerfeuer in einer Tonne entzünden können und er wird niemals eine Passantin nach dem Sinn des Lebens fragen können (Breiner 2012).

Ein Computerspiel lässt damit dem Benutzer nie vollkommene Freiheiten und es besteht – im Gegensatz zu Echtlebensspielen – letzten Endes immer aus einer endlichen Anzahl deterministischer Handlungspfade. Diese sollten auf ihre narrative Dimension hin optimiert werden, auch wenn dies insbesondere bei Parallelweltspielen aufgrund

der großen Anzahl möglicher Handlungspfade eine schwere Aufgabe ist. Im Parallelweltspiel Stratopolis ist dies beispielsweise dadurch gelungen, dass das Narrativ darin bestand, aus der virtuellen Welt mithilfe von Aliens auszubrechen.

Die Limitierung der Handlungspfade ist dafür verantwortlich, dass ein Computerspiel nie vollkommen ludologisch sein kann. Es ist immer eine narrative Komponente versteckt mit dabei. Es hat somit ein versteckt-inneres Narrativ.

Das versteckt-innere Narrativ eines Spieles wird oft nicht wahrgenommen, da es nicht offensichtlich als singulärer Handlungspfad implementiert ist.

5.2.3 Offensichtlich-äußeres Narrativ

Zusätzlich zur versteckt-inneren Erzählkomponente eines scheinbar rein ludologischen Computerspieles gibt es oft ein offensichtlich-äußeres Narrativ: Oftmals wird sie in Form einer Rahmenhandlung in den Vorspann oder den Trailer aus dem eigentlichen Spiel hinausverlagert.

Beispiele für auf den ersten Blick rein ludologische Spiele, die doch eine offensichtlich-äußere narrative Komponente haben, sind *Überlebensspiele* (survival games) und *Ego-Shooter* (first person shooter). Meist wird die Handlung in den Vorspann gelegt. Diese Geschichte beeinflusst das Spielverhalten, da der Spieler seine Spielhandlungen – in diesem Falle die Morde – utilitarisiert und rechtfertigt.

Zum Beispiel wurde die Handlung zum indizierten HorrorüÜberlebensspiel „Manhunt" im Wesentlichen in den Vorspann und Trailer verschoben. Nur hier erfährt der Spieler, dass er den Protagonisten „James Earl Cash" spielen wird, und als dieser zum Tode verurteilt wurde, doch dank eines Regisseurs namens „Lionel Starkweather" durch Bestechung der örtlichen Justiz freikam. Starkweather erpresst jedoch Cash danach zu

5

Morden. Die Vorgeschichte legitimiert somit vermeintlich das virtuelle Morden für den Spieler, da Cash ja schließlich keine andere Wahl habe.

Auch bei den meisten anderen scheinbar rein ludologischen Spielen findet die Rahmenhandlung letzten Endes im Vorspann statt. Ohne ihn wüsste der Spieler nicht, um was es überhaupt geht.

5.2.4 Versteckt-äußeres Narrativ

Zusätzlich zu diesen drei narrativen Dimensionen gibt es ein versteckt-äußeres Narrativ: So ranken sich um erfolgreiche Computerspiele meist Legenden, Gerüchte und Mythen, welche ihnen eine zusätzliche narrative Dimension verleihen.

Zum Beispiel scheint Tetris[3] auf den ersten Blick keinerlei Erzähltechnik zu besitzen. Dies stimmt auch für das reine Spiel, welches abgesehen von der versteckt-inneren Handlung rein ludologisch ist und weder Held noch Handlung hat.

Obwohl Tetris intern ohne Agonisten auskommt, existieren in den Mythen, die sich *um* das Spiel ranken, ein Held (Alexei Paschitnow), ein Kampf zwischen zwei gegensätzlichen Mentoren (der zeitgleich stattfindende Politkampf im Kreml zwischen dem Hardliner Grigori Romanow[4] und dem Reformer Michail Gorbatschow[5]), eine Handlung (die Ablösung des kalten Krieges infolge Glasnost und Perestroika) und ein Höhepunkt (der Mauerfall). Somit hat Tetris doch eine Rahmenhandlung. Dieses Narrativ beeinflusst unbewusst das Spielverhalten (s. Exkurs)

Die Geschichte um Tetris

Der Computerspiel-Klassiker Tetris wurde ursprünglich von Alexei Paschitnow im Jahr 1984 an der sowjetischen Akademie der Wissenschaften auf einer Elektronica 60[6] in Moskau entwickelt.

Er wurde dabei von dem russischen Kinderspiel Pentamino inspiriert, eine Art Puzzle mit Formen, die jeweils aus fünf Quadraten zusammengesetzt waren. Paschitnow reduzierte diese Formen auf vier Quadrate und nannte sein Spiel daraufhin „Tetris", ein Kunstwort aus gr. „Tetra" (vier) und „Tennis".

An der Institution war Alexei Paschitnow[7] eigentlich mit militärischen Aufgaben beauftragt, aus privatem Interesse befasste er sich aber während der Arbeitszeit mehr mit Computerspielen.

Die Legende besagt, dass Alexei Paschitnow beim Spielen von Tetris plötzlich von einem vorbeikommenden Vorgesetzten überrascht wurde, der ihn fragte, welchen „Schwachsinn" er denn gerade programmiere. Paschitnow habe daraufhin seinem Vorgesetzten Tetris als abstrahierten Einschlags-

simulator für quaderförmige Atomraketen verkauft.

Diese Geschichte mit der schlagfertigen Notlüge für den Vorgesetzten scheint allerdings lediglich eine Fake-Story zu sein, die im Westen aufgekommen ist. Sie wurde zumindest von Paschitnow selbst nicht explizit erwähnt (Paschitnow 2009).

Dimitry Pawlosky[8] und Wadim Gerasimov[9] halfen bei der Portierung des Spiels auf IBM-PCs und bei der Vermarktung in der Sowjetunion (Gerasimov 2017)

---

3 Im Original: Тетрис.
4 Im Original: Григорий Васильевич Романов.
5 Im Original: Михаил Сергеевич Горбачёв.
6 Im Original: Электроника 60.
7 Im Original: Алексей Леонидович Пажитнов.
8 Im Original: Дмитрий Павловский.
9 Im Original: Вадим Герасимов.

Da IBM-PCs zur damaligen Zeit auch in sowjetischen Firmen weit verbreitet waren, wurde das Spiel schnell im Ostblock populär (Paschitnow 2009).

Der Brite Robert Stein erkannte bei einer Reise nach Ungarn zufällig das finanzielle Potential des Games. Er sicherte sich die Lizenz für den Westen und verkaufte die Rechte für den amerikanischen und deutschen Markt an die US-Firma Spectrum HoloByte. Diese verlieh dem Spiel marketingtechnisch geschickt einen östlich-mystischen Nimbus. Sie schrieb auf der Spielehülle das Wort Tetris in kyrillischer Schrift aus, wobei das „S" durch Hammer und Sichel ersetzt wurde. Unter einem Bild des Kreml vor rotem Hintergrund mit verstreuten Mauersteinen fügte sie den Untertitel „Die sowjetische Herausforderung" hinzu. Im Einleitungs-bildschirm flog eine weiße Cessna über den Kreml und zog ein Banner mit der Aufschrift „Play Tetris!" hinter sich her. Dies war eine klare Anspielung auf die für die Sowjetführung demütigende Landung des Deutschen Michael Rust auf dem Roten Platz. Auf diese Weise wurde das Spiel zusätzlich politisch instrumentalisiert (Bonsen 2014)

Über die Sowjetunion war damals im Westen recht wenig bekannt. Es wurde in zahlreichen Hollywoodfilmen und der westlichen Propaganda als grobschlächtiges, technisch retardiertes „Reich des Bösen" abgestempelt, und man bediente sich entsprechender überspitzter Klischees von Wodka, Gulags und computerloser aber effektiver Militärtechnik. Was man aus diesem versteckten Riesenreich hinter dem Eisernen Vorhang als allerletztes vermutet hätte, war ein Computerspiel. Daher traf ein solches Spiel im Westen auf ein ungläubiges erstauntes Publikum,

Das Kuriosum dabei ist, dass Tetris den Mauerfall in Form fallender Steinreihen prophetisch vorwegnahm, was das Spiel nach dem November 1989 noch rätselhafter machte (Computerspiele 2013; Breiner 2014, S. 30 ff.)

Es kann tatsächlich sein, dass Tetris zu einem kleinen Teil zum Kollaps des Ostblocks beigetragen hat, denn das Spiel war in der UDSSR so beliebt, dass viele Angestellte ihre Arbeit lieber mit dem Zocken verbrachten als mit konstruktiver Arbeit. Die Sowjets schienen so süchtig danach zu sein, dass die Produktivität litt. Darum befürchtete die Sowjetleitung, Tetris sei für das Scheitern der Fünfjahrespläne mitverantwortlich. Paschitnow wurde sogar gebeten, einen Virus zu entwickeln, der Tetris wieder unschädlich machen sollte, was aber eine technische Unmöglichkeit war (Gerasimov 2017; Bonsen 2014).

Tetris wurde unter anderem durch diese Legenden, die sich um das Spiel rankten, im Westen sehr populär.

Es wurde über 100 Mio. Mal verkauft und auf über 65 Computerplattformen portiert. Das Spiel aus dem Reich des realexistierenden Sozialismus wurde aufgrund lizenzrechtlicher Ungereimtheiten zum kapitalistischen Wirtschafts-thriller (welcher ein eigenes Buch füllen würde), der das Machtgefüge in der Spielebranche zum Kippen brachte.

Im Sommer 1989 wurde Tetris für die Benutzung auf einem Game Boy portiert und mutierte so zum ersten *Gelegenheitsspiel* (casual game) der Welt. Es katapultierte die Herstellerfirma Nintendo zur größten Spielefirma. Auf dem Game Boy erklang in der Standardmusikein-stellung die eingängige slawisch-unergründliche Musik der russischen Volksweise Korobeiniki[10], welche den östlichen Nimbus nochmals verstärkte.

Dagegen besiegelte es den Anfang vom Ende des Spielerieser Atari Games, der aufgrund ungenügend gesicherter Lizenzrechte gerichtlich dazu verpflichtet wurde, über 268.000 bereits produzierter und vertriebener Cartridges von Tetris zurückzurufen und zu vernichten

Sega traf es nicht ganz so hart wie Atari, sie waren in der Produktion ihrer Tetris-Version für die Sega Mega Drive noch am Anfang. Nur ca. eine Handvoll Versionen wurden ausgeliefert. Diese haben

---

10   Im Original: Коробейники.

5

aufgrund der Seltenheit einen hohen Liebhaberwert. So wurde 2011 eine solche Version, die zusätzlich von Paschitnow signiert war, für 1 Mio. US$ über eBay versteigert (◖ Abb. 5.3; Lamble 2016).	Tetris ist auch der Namensgeber des *Tetris-Effektes* (Tetris effect) in der Psychologie. Es bezeichnet das Auftreten von Pseudohalluzinationen bei langen repetitiven Spielen,	in diesem Fall das Sehen von herunterfallenden Tetris-Steinen. Der Tetris-Effekt ist Teil der *Spieltransferphänomene* (game transfer phenomena, GTP; Ortiz de Gortari und Griffiths 2014).

Eine andere *versteckt-äußere* narrative Komponente ist der Nimbus, der um diverse Ego-Shooter aufgebaut wird: Zum Beispiel erzählt der Ego-Shooter „Duke Nukem Forever", welche über dreizehn Jahre in der Entwicklung war, von der Schwierigkeit, ein Spiel fertigzustellen und fristgerecht in den Handel zu bringen. Es erzählt zudem von der Hybris und der Pedanterie der Spieleentwickler, welche von der schnellen technologischen Entwicklung ad absurdum geführt werden.

Beispiele für weitere Spiele, die neben inneren auch ein versteckt-äußeres Narrativ haben, sind die Spiele der Firma Crytek GmbH. aus Frankfurt am Main, insbesondere die Games der Far Cry- und Crysis-Reihe.

Da die meisten Spieler dieser Reihe gamespezifische Nachrichten verfolgen, haben sie immer auch die ungewöhnliche Firmengeschichte von Crytek im Kopf. Und diese Geschichte erzählt im Wesentlichen vom fulminanten Aufstieg des Außenseiters (s. Exkurs).

Ungewollt hat die Firmengeschichte um Crytek den Spielen eine ungewohnte narrative Dimension verliehen, die ihnen selbst nicht inhärent ist. So erzählt – nomen est omen – das Spiel „Far Cry" vom fernen Ruf des Erfolgs, „Crysis" von der Krise und „Ryse" vom (Wieder-)Aufstieg.

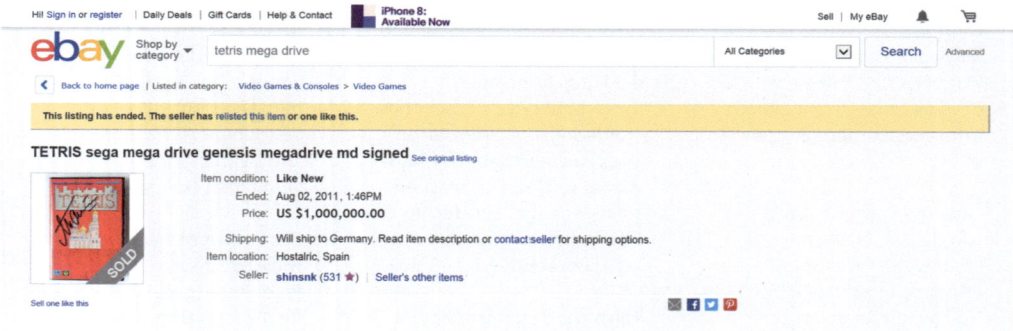

◖ **Abb. 5.3**   Ein für eine Mio. US$ versteigerte Tetris-Version für die Sega Mega Drive

Crytek

Die Crytek GmbH ist eine global agierende Game-Firma aus Frankfurt am Main. Sie wurde 1999 von den drei Yerli-Brüdern gegründet und seitdem auch geleitet. Ihre Eltern kamen in den 1970er-Jahren als Gastarbeiter aus der Türkei nach Deutschland. Nach Jahren harter Arbeit mit ungenügenden finanziellen Ressourcen kam erst mit dem Spiel „Far Cry" 2004 der fulminante Durchbruch. 2007 wurde dieser Erfolg durch das von ihnen entwickelte Spiel Crysis übertroffen. Die drei Brüder wurden für die Games, welche weltweit neue technische Maßstäbe setzten, mit Preisen überhäuft.

Crytek expandierte mit Zweigstellen im Vereinigten Königreich, der Ukraine, Ungarn, Türkei, Südkorea, China und den Vereinigten Staaten von Amerika. Die Firma verlor schrittweise die regionale Verankerung und fokussierte sich auf den globalisierten Kapitalmarkt. Wichtige Aufgaben wurden ins Ausland verlagert und die Mitarbeiter wurden sogar in der Frankfurter Firmenzentrale angewiesen, Englisch zu reden. So verlor die Frankfurter Firma langsam die Bodenhaftung.

Nach Schwierigkeiten mit einigen Spielen, die zu ehrgeizig und pedantisch geplant wurden, konnten zwischen Anfang 2014 und Mitte 2017 Löhne und Gehälter nur noch unregelmäßig ausgezahlt

werden. Teilweise waren die Überweisungen über dreieinhalb Monate im Verzug (Gamewirtschaft 2016a). Nach berechtigten Beschwerden der Mitarbeiter, sie würden gerne für ihre harte Arbeit auch bezahlt werden, sollen die CEOs folgenden Satz auf Englisch geäußert haben:

» You should all be so proud to work for Crytek (2017).

Egal, ob es Chuzpe, Arroganz oder schlichtweg Ignoranz war, welches zu solch einer Aussage geführt hat, letzten Endes verdeutlicht dieser Satz, dass den Yerli-Brüdern ihr Erfolg zu dieser Zeit sichtlich zu Kopf gestiegen war.

Mittlerweile hat sich Crytek wieder auf seinen Heimatstandort konzentriert und einige Fehler korrigiert. Die Firma konzentriert sich seit Jahreswechsel 2016/2017 auf das Studio in Frankfurt am Main. Sie stieß die Studios in Budapest, Istanbul, Seoul, Shanghai und Sofia ab (Gamewirtschaft 2016b; Fritsch 2016). Auch die Unterdrückung der deutschen Sprache scheint laut Berichten von Mitarbeitern nicht mehr so rigide durchgeführt zu werden. Geläutert durch diesen Transformationsprozess scheint ein Umdenken in Gang gekommen zu sein. So äußerte sich Anvi Yerli in einem Interview (Fritsch 2016):

» Derartige Veränderungen zu durchlaufen ist uns nicht leicht gefallen und wir möchten uns aufrichtig bei jedem

einzelnen gegenwärtigen und ehemaligen Crytek-Mitarbeiter für ihre harte Arbeit und Treue zu Crytek bedanken. Diese Veränderungen sind ein Teil von mehreren essentiellen Schritten [sic!] die wir gehen um sicher zu stellen [sic!], dass Crytek ein gesundes und gut aufgestelltes Studio für die Zukunft ist, das hochtalentierte Entwickler beschäftigt und fördert. Die genauen Gründe hierfür wurden bereits lange und im Voraus allen Mitarbeitern kommuniziert. Unser Fokus liegt von nun an ausschließlich auf unseren Kernkompetenzen, die Crytek seit Beginn definieren: hochtalentierte Mitarbeiter, Technologien auf höchstem internationalen Niveau und innovative Spieleentwicklung. Wir glauben fest daran, dass wir aus diesem herausfordernden Prozess als agileres und wachstumsfähigeres Unternehmen hervorgehen: Aufgestellt für eine erfolgreiche Zukunft.

Aufgrund dieser Transformation scheint sich Crytek wirtschaftlich wieder zu erholen. So blieben zwischen Mitte 2017 und der Manuskriptabgabe des vorliegenden Buches negative Schlagzeilen aus und Crytek veröffentliche die neue Version 5.4 seiner Game-Engine namens CryEngine (Halfacree 2017).

5

5.3 Epische Dimension

Selbst wenn eine Handlung versteckt sein sollte, und damit nicht im Spiel an exponierter Stelle steht, ist sie trotzdem wichtig für die Akzeptanz eines Spieles. Daher sollten offensichtliche, aber auch versteckte Handlungen jeweils optimal aufbereitet sein, um dem Spiel eine *epische Dimension* zu verleihen.

Für diese Optimierung lohnt es sich, die Lehren der klassischen Erzähltechniken zu betrachten, deren Ursprünge weit in die Antike zurückreichen. Dies soll im ► Kap. 6 geschehen. Anschließend in ► Kap. 7 wird eine Erweiterung der Lehren erfolgen.

Fazit

Ein Computerspiel hat stets sowohl narratologische als auch ludologische Komponenten. Narratologische Elemente finden sich auch immer in Computerspielen, die auf den ersten Blick keine erzähltechnische Struktur aufweisen.

Die Handlungspositionen eines Computerspiels bilden ein zweidimensionales orthogonales Kontinuum mit den zwei verschiedenen narrativen Dimensionsachsen „offensichtlich versus versteckt" und „innen versus außen". Dadurch können die Handlungspositionen eines Games in vier Quadranten eingeteilt werden.

Literatur

Crytek. (2017). *Welcome to hire and fire crytek.* (Autor unbekannt). ► https://web.archive.org/web/20160304104149/. ► http://hireandfirecrytek.tumblr.com/. Zugegriffen: 28. Sept. 2017.

Breiner, T. (2012). *Exponentropie – Warum die Zukunft anders war und die Vergangenheit gleich wird.* Darmstadt: Synergia.

Breiner, T. (2014). *Chancen und Gefahren von Computerspielen.* In: *Ringvorlesung Games.* (Hrsg.), Markus Kaiser. Verlag Dr,. Gabriele Hooffacker/MedienCampus Bayern e.V. München.

Bonsen, G. (28.05.2014). *Fallende Steine aus der UDSSR – 30 Jahre „Tetris" – Spielen Sie mit!* ► https://www.shz.de/6672121. Zugegriffen: 01. Okt. 2017.

Computerspiele. (01.08.2013). *Tetris – Die wahre Geschichte.* ► http://www.computerspiele.com/2013/08/01/tetris-die-wahre-geschichte.html. Zugegriffen: 13. März 1014.

Creative Commons. (2018a). *Creative Commons-Lizenz CC BY 2.0.* ► https://creativecommons.org/licenses/by/2.0/legalcode. Zugegriffen: 04. Juli 2018.

Creative Commons. (2018b). *Creative Commons-Lizenz CC BY-SA 2.0.* ► https://creativecommons.org/licenses/by-sa/2.0/de/. Zugegriffen: 04. Juli 2018.

Creative Commons. (2018c). *Creative Commons-Lizenz CC BY-SA 4.0. (Attribution-ShareAlike 4.0 Generic).* ► https://creativecommons.org/licenses/by-sa/4.0/deed.en. Zugegriffen: 04. Juli 2018.

Creative Commons. (2018d). *Creative Commons-Lizenz CC BY-SA 3.0. (Attribution-ShareAlike 3.0 Generic).* Online unter ► https://creativecommons.org/licenses/by-sa/3.0/deed.en. Zugegriffen: 04. Juli 2018.

Ellgaard, H. (1959). *Filmplakat „Die Brücke" von Helmuth Ellgaard.* Bild unter Creative Commons CC BY-SA 3.0 (Creative Commons 2018d). ► https://commons.wikimedia.org/wiki/File:Die_Bruecke_1959.jpg. Zugegriffen: 04. Juli 2018.

Eskelinen, M. (2004). *„Towards computer game studies." First person: new media as story, performance, and game.* (Hrsg.), Noah Wardrip-Fruin & Pat Harrigan. Cambridge, The MIT Press.

Fritsch, M. (20.12.2016). Crytek-Krise – Offizielles Statement: Großteil der Studios werden geschlossen. Zugegriffen: 28. Sept. 2017.

Gamewirtschaft. (12.12.2016a). *Am Abgrund: Ist Crytek noch zu retten?* ► http://www.gameswirtschaft.de/wirtschaft/crytek-gehaelter-dezember-2016/. Zugegriffen: 28. Sept. 2017.

Gamewirtschaft. (12.12.2016b). *Crytek schließt fünf Studios und gibt Publishing auf.* ► https://www.pcgamesn.com/crytek-wage-crisis-black-sea-studio. ► http://www.gameswirtschaft.de/wirtschaft/crytek-strategie-2017/. Zugegriffen: 28. Sept. 2017.

Gerasimov, W. (2017). *Tetris Story.* ► http://vadim.oversigma.com/Tetris.htm. Zugegriffen: 01. Okt. 2017.

Halfacree, G. (22.09.2017). *Crytek launches CryEngine 5.4 with Vulkan support.* In: Bit Tech. ► https://www.bit-tech.net/news/gaming/pc/crytek-launches-cryengine-54-with-vulkan-support/1/. Zugegriffen: 28. Sept. 2017.

Kantenflimmern. (10.03.2009). *Space Invaders (Video Games 12/94).* Bild unter Creative Commons CC BY-SA 2.0 (Creative Commons 2018b). ► https://www.flickr.com/photos/kantenflimmern/3344265337. Zugegriffen: 04. Juli 2018.

Kushner, D. (2004). *Masters of doom: How two guys created an empire and transformed pop culture.* New York: Random House.

Lamble, R. (18.05.2016). *The Incredibly Weird Story Behind Tetris.* In: Den of Geek UK. ► http://www.denofgeek.com/us/games/tetris/236288/

the-incredibly-weird-story-behind-tetris. Zugegriffen: 01. Okt. 2017.

Monochrom. (26.02.2009). *Soviet monochrom's "Soviet Unterzoegersdorf: Sector 2" game cover (2009)*. Bild unter Creative Commons CC BY-SA 4.0 (Creative Commons 2018c). ► https://commons.wikimedia.org/wiki/File:Soviet-unterzoegersdorf–sector2–cover.jpg. Zugegriffen: 04. Juli 2018.

Ortiz de Gortari, A. B., & Griffiths, M. D. (01.02.2014). *Altered visual perception in game transfer phenomena: An empirical self-report study*. In International Journal of Human–Computer Interaction. Bd. 30. Nr. 2. ► https://doi.org/10.1080/10447318.2013.839900

Paschitnow, A. (05.07.2009). *Tetris-Erfinder Paschitnow im Interview – "Menschen geben mir die Schuld"*. In Frankfurter Rundschau. ► http://www.fr.de/panorama/tetris-erfinder-paschitnow-im-interview-menschen-geben-mir-die-schuld-a-1096661. Zugegriffen: 01. Okt. 2017.

Stiftelsen Elektronikkbransjen. (04.11.2013). *GTA V – Årets spill: Grand Theft Auto V*. Bild unter Creative Commons CC BY 2.0 (Creative Commons 2018c). ► https://www.flickr.com/photos/elektronikkbransjen/10669145015. Zugegriffen: 04. Juli 2018.

Weidmann, C. (25.01.2013). *Ein Streit stirbt; Narratologie vs. Ludologie*. ► https://freiesfeld.ch/2013/01/25/ein-streit-stirbt-narratologie-vs-ludologie/. Zugegriffen: 28. Okt. 2017.

Klassische Handlungsmodelle

© Springer-Verlag GmbH Deutschland, ein Teil von Springer Nature 2019
T. C. Breiner, *Psychologie des Geschichtenerzählens,* https://doi.org/10.1007/978-3-662-57862-9_6

In den folgenden Unterabschnitten werden verschiedene Handlungsmodelle erläutert.

Handlungsmodelle beschreiben, wie eine Geschichte vom Ablauf her gestaltet und wie sie am besten gegliedert werden sollte. Die ersten Ideen dazu reichen bis in die Antike zurück. Die heutzutage am häufigsten angewandten Handlungsmodelle sind diejenigen von Campbell und Vogler.

6.1 Dreiaktiges Modell von Aristoteles

6

Eine Handlung wird traditionell in drei Akte gegliedert, die sequentiell nacheinander dargeboten werden. Diese Tradition der dreifachen Einteilung geht ursprünglich auf die Theaterspielkunst der griechischen Antike zurück. Insbesondere Aristoteles beschreibt im siebten Kapitel seines Werkes *Poetik*[1] (ca. 335 v. Chr.) die Dreigliederung von Handlungen. Er erweitert in seiner Philosophie die zeitliche Trinität auf letztendlich alle Entitäten (Aristoteles 1976, S. 55):

» Ein Ganzes ist, was Anfang, Mitte und Ende hat.

Aristoteles (1976, S. 96) präzisiert den Sinn der Dreiteilung einer Handlung im 23. Kapitel der Poetik:

» Was die erzählende Dichtung angeht, so ist folgendes klar: man muss […] sich auf eine einzige, ganze und in sich geschlossene Handlung mit Anfang, Mitte und Ende beziehen, damit diese, in ihrer Einheit und Ganzheit einem Lebewesen vergleichbar, das ihr eigentümliche Vergnügen bewirken kann.

Damit folgt Aristoteles einem Denkprinzip, welches sich allgemein in der frühen Antike finden lässt. So spielt die Trinität der Entitäten nicht nur bei den alten Griechen, sondern auch bei den Germanen und insbesondere bei den Kelten eine herausragende Rolle[2] (Meehan 1996; Lengyel 1990). Neu ist bei Aristoteles lediglich die Ausweitung auf die Handlungsstruktur.

Die aristotelischen Akte werden heutzutage meist einfach durchnummeriert und als erster, zweiter und dritter Akt bezeichnet, sie werden aber in der Narratologie auch als *Initiation* bzw. *Einführung* (setup), *Konfrontation* bzw. *Gegenüberstellung* (middle) und *Resolution* bzw. *Auflösung* (ending) bezeichnet. In der Filmwissenschaft wird die Initiation wahlweise auch als *Exposition* (exposition) bezeichnet. ◘ Tab. 6.1 gibt einen Überblick über die Aktbezeichnungen.

Die narratologischen Namen geben schon einen Hinweis darauf, dass die verschiedenen Akte unterschiedliche psychologische Aufgaben zu erfüllen haben, die in ihrer Gesamtheit zu einer inneren Wandlung beim Zuschauer führen (◘ Abb. 6.1).

Es ist wichtig, zu beachten, dass die Einteilung in drei Akte einen funktionalen Hintergrund hat und zeitlich nicht gleichabständig sein muss. Die Grenzsetzungen zwischen den Akten orientieren sich an den narratologischen Funktionsübergängen.

Der zweite Akt nimmt von den drei Akten zeitlich den meisten Raum ein. Der erste und insbesondere der dritte Akt werden dagegen meist kürzer präsentiert.

Die längere Dauer des zweiten Aktes liegt vornehmlich daran, dass darin durch Verwicklungen der Handlung langsam eine Spannung aufgebaut werden muss, die am Ende des zweiten Aktes in der *Klimax* (climax), im Höhepunkt des Spannungsbogens, mündet. Dies benötigt verständlicherweise mehr Zeit als die Vorstellung des Protagonisten in seiner gewohnten Umgebung (erster Akt) oder die Auflösung des Konfliktes (dritter Akt).

---

1   Im Original: ποιητική.

2   Aspekte dieser keltisch-germanischen Trinitätslehre finden sich auch in der Dreifaltigkeitslehre von Vater, Sohn und heiligem Geist im späteren Christentum.

◪ Abb. 6.2 verdeutlicht den Spannungsbogen in Form einer Skizze.

Je länger der zweite Akt sich ausdehnt, desto mehr Probleme kann der Held bekommen und umso stärker kann die Verstrickung des Handlungsfadens sein. Und je unlösbarer der Handlungsknoten für den Zuschauer erscheint, desto größer ist für ihn die Erleichterung, wenn der gordische Knoten im dritten Akt platzt.

Eine Ausnahme bildet das Drama, bei dem keine positive Resolution stattfindet. Allerdings ist der Verlauf des Spannungsbogens trotzdem identisch. Hier wird im zweiten Akt schrittweise eine *Hybris,* eine Überhöhung, aufgebaut, und je höher die Hybris,

◪ **Tab. 6.1** Bezeichnungen der aristotelischen Handlungsakte

Aktnummerierung	Bezeichnung in der Narratologie	Bezeichnung in der Filmwissenschaft	Deutsche Bezeichnung	Englische Bezeichnung
Erster Akt	Initiation	Exposition	Einführung	Setup
Zweiter Akt	Konfrontation	Konfrontation	Gegenüberstellung	Middle
Dritter Akt	Resolution	Resolution	Auflösung	Ending

◪ **Abb. 6.1** Funktionsweise der dreiaktigen Struktur von Aristoteles

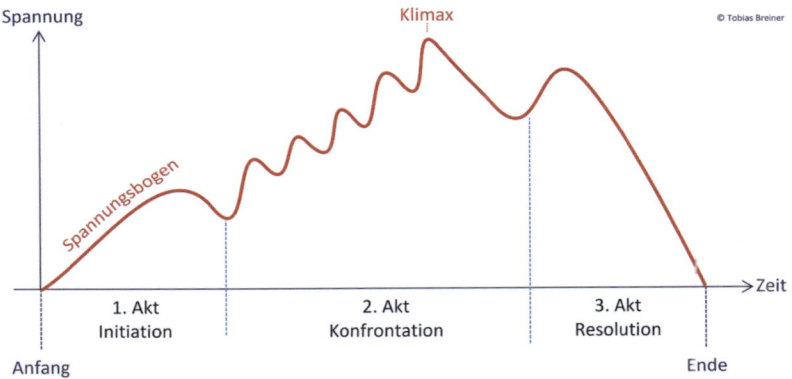

◪ **Abb. 6.2** Skizze des Spannungsbogenverlaufs bei einer dreiaktigen Struktur

6

desto größer die Fallhöhe und die damit verbundene Läuterung, die *Katharsis*.

Bei klassischen Theaterstücken, die über mehrere Stunden gehen, werden zwischen den Akten praktischerweise Pausen eingeschoben. Obwohl diese bei Kinofilmen unter zwei Stunden nicht mehr notwendig sind, orientieren sich auch moderne Kinofilme, sofern sie nicht experimenteller Natur sind, vorwiegend an dieser klassischen Dreiteilung.

Auch in der Literatur oder bei narratologischen Spielen wird diese Einteilung in drei Akte letzten Endes beibehalten, auch wenn die Grenzen bei interaktiven Spielen oft nicht genau gezogen werden können.

Man könnte vermuten, dass die Akteinteilung bei ludologischen Spielen sinnlos und obsolet ist, aber bei näherer Analyse findet sich auch bei ihnen die Dreiteilung. Dabei wird der erste Akt oft in den Vorspann oder die Game-Trailer verschoben. Er befindet sich somit außerhalb des eigentlichen interaktiven Spielkerns. Der zweite Akt stellt das eigentliche interaktive Spiel dar, indem der Spieler die ihm gestellten Herausforderungen bis zum Höhepunkt, dem finalen Level, meistern muss. Der dritte Akt wird oft in die postludologischen Teile des finalen Levels gezogen, also wenn der Spieler seine Belohnung für das erfolgreiche Bestehen der Spielhandlung erhält. In manchen Spielen gibt es auch am Schluss einen Trailer, der im Sinne des dritten Aktes verwendet wird. Auch der Abspann kann hierfür verwendet werden, wenn er Zusatzinformationen enthält.

In ◻ Tab. 6.2 wird die dreiaktige Struktur von Games noch einmal aufgelistet.

Im Folgenden werden die einzelnen Akte untersucht.

6.1.1 Erster Akt

Der erste Akt dient der Einführung: Er stellt die wichtigsten Darsteller der Handlung vor, insbesondere den Helden. Aber auch der Mentor, die Gefährten, der Trickster und der Herold werden präsentiert, falls die entsprechenden Archetypen überhaupt in der Geschichte vorhanden sind. Eventuell kann im ersten Akt auch schon der Schattenarchetyp vorgestellt werden. Dieser bleibt allerdings noch weitestgehend inaktiv.

Es ist für das Gelingen einer Geschichte wichtig, dass stets klar erkennbar ist, um welchen Archetyp es sich handelt. Insbesondere wenn der Spieler den Helden nicht als Helden erkennt, kann die Identifikation nicht gelingen.

Im ersten Akt wird auch der Hintergrund präsentiert, mit dem der Protagonist interagiert. Der Hintergrund sollte zeitlich und örtlich eingegrenzt und das soziale Milieu beschrieben werden.

Der erste Akt dient auch zum Aufbau der Grundstimmung. Komödien und humoristische Spiele sollten für einen kreativen Umgang mit der Geschichte sorgen. Dies kann z. B. mithilfe einer Tricksterfigur geschehen. Auch sollten im ersten Akt schon einige originelle Gags und Schenkelklopfer vorhanden sein. Gruselgeschichten, Thriller und Horrorspiele sollten dagegen ein Grundgefühl der Unsicherheit und Angst aufbauen und Kriminalgeschichten und Aktionsspiele eine hektische Spannung etc.

Die Aufgaben des ersten Aktes werden zusammenfassend auch als *Initiation* bezeichnet.

◻ Tab. 6.2 Dreiaktige Struktur von Games		
Aktnummerierung	**Narratologie**	**Position in ludologischen Games**
Erster Akt	Initiation	Vorspann, Trailer, Vorgeschichte
Zweiter Akt	Konfrontation	Interaktiver Spielverlauf
Dritter Akt	Resolution	Abspann, Hall of Fame, Highscore, Siegerehrung

6.1.2 **Zweiter Akt**

Im zweiten Akt muss sich der Held mit dem Schatten auseinandersetzen. Er wird vor zunehmend schwierige Herausforderungen gestellt. Die im ersten Akt begonnenen Handlungsfäden der vorgestellten Agonisten verstricken und verwickeln sich im Laufe der Handlung immer mehr, bis sie einen schier unlösbaren Handlungsknoten bilden.

Die Handlung kulminiert letztendlich in der Klimax. Diese Klimax ist psychologisch eher als Tiefpunkt denn als Höhepunkt der Handlung zu bezeichnen, denn in diesem Moment ist der Spieler mit seinem Geist am tiefsten im Unterbewusstsein angekommen. In der Regel ist die Klimax eine Art Endkampf mit dem Schatten. Die psychologische Tiefe sollte metaphorisch versinnbildlicht werden, indem dieser Endkampf im Keller, im U-Bahn-Schacht, in den Katakomben, in der Höhle eines Zauberberges, in der Hölle oder einem sonstigen Schattenreich stattfindet.

Die Aufgaben des zweiten Aktes werden in einem Fremdwort zusammenfassend auch als *Konfrontation* bezeichnet.

6.1.3 **Dritter Akt**

Im dritten Akt hat der Held idealerweise den Endkampf erfolgreich gemeistert und ist positiv transformiert worden. Es sei denn, es handelt sich um ein Drama. Dann steht der Held als Verlierer da und ist am Boden zerstört oder vernichtet. Ein Drama ist somit eher als Mahnung zu verstehen denn als Anleitung für das Unbewusste.

Die psychologische Aufgabe des dritten Aktes besteht darin, die impliziten Lehren der Geschichte so aufzubereiten, dass der Spieler sie leichter in sein Alltagsleben integrieren kann. Der Held verlässt dafür die infernalische Arena des Endkampfes und kehrt oft in seine Heimat oder in seine Familie zurück.

Zwar wurden die Hauptverstrickungen im Rahmen des Endkampfes am Ende des zweiten Aktes wie ein gordischer Knoten zerschlagen, trotzdem bleiben für den dritten Akt oftmals letzte Verstrickungen übrig. Auch diese lösen sich nun auf. Dazu nähert sich die Geschichte schrittweise wieder der Normalität an.

Die Aufgaben des dritten Aktes werden zusammenfassend auch als *Resolution* bezeichnet.

6.2 **Fünfaktiges Modell von Horaz**

Der römische Dichter Quintus Horatius Flaccus alias Horaz (65–8 v. Chr.) schrieb ein Werk *Über die Dichtkunst*[3]. Dieses übte einen großen Einfluss auf das französische Theater des 17. und 18. Jahrhunderts aus. Auch bei Game-Handlungen wird es ab und zu – zu Unrecht – herangezogen.

Horaz bezieht sich in seinem Werk fast ausschließlich auf die Gattung des Dramas. Er gliedert es in fünf Akte.

>> Ein Stück bleibe nicht unter dem fünften Akt noch gehe darüber, welches verlangt, daß man es zu sehen begehrt und wiederaufführt (Flaccus 1984, S. 15).

Dabei ist ihm aber diese Fünfgliedrigkeit nicht sonderlich wichtig, im Gegensatz zur Abgeschlossenheit der Handlung:

>> Sei das Werk, wie es wolle, nur soll es geschlossen und einheitlich sein (Flaccus 1984, S. 5).

Damit ähnelt die Ansicht von Horaz frappierend derjenigen von Aristoteles, der ja ebenfalls die Notwendigkeit der Einheit der Handlung betonte. Er ignoriert dabei jedoch die der Einheit zugrunde liegende Trinität. Er liefert auch keine überzeugende Begründung für die Einteilung in fünf Akte.

Horaz hat aufgrund seines Bekanntheitsgrades die Narratologie maßgeblich beeinflusst. Schon die römischen Dichter Plautus

---

3   Im Original: Ars Poetica.

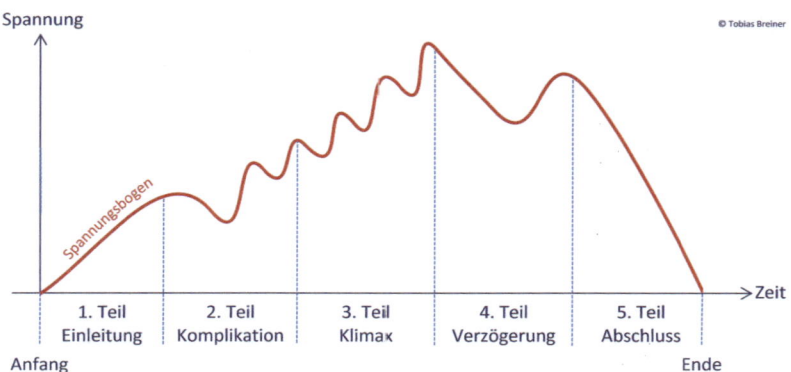

Abb. 6.3   Skizze des Spannungsbogenverlaufs bei dem Modell von Freytag

und Terenz gliederten ihre Komödien in fünf Akte.

Sein Werk erlebte eine reichhaltige Rezeption im 17. Und 18. Jahrhundert. Theaterstücke und Opern dieser Zeitalter, die sich auf die Antike beziehen, haben in Analogie zu Horaz ebenfalls fünf Akte. Auch die damals übliche Dramengliederung in fünf Akte basiert auf Horaz.

6.3 Fünfteiliges Modell von Freytag

Gustav Freytag präzisiert das fünfaktige Modell von Horaz. Er konzentriert sich dabei hauptsächlich auf das Drama und benennt Funktionen der Akte:

1. Exposition: Vorstellung des Helden in seiner Umgebung.
2. Steigende Handlung mit erregendem Moment: Verschärfung der Situation.
3. Klimax und Perepetie: Spitze des Spannungsbogens und Umkehr der Handlung.
4. Fallende Handlung mit retardierendem Moment: Spannungswiederverstärkung.
5. Katastrophe: Abschluss.

Bei Freytags Interpretation von Horaz Lehre fällt auf, dass es versteckt das dreiaktige Modell von Aristoteles inkludiert. Freytags zweiter

und dritter Teil entspricht weitestgehend dem zweiten aristotelischen Akt und die letzten beiden Teile dem dritten Akt von Aristoteles.

Somit ist das *fünfteilige Modell von Freytag* nur bedingt hilfreich zum Entwickeln einer Handlung. Insbesondere ist die zu Aristoteles unterschiedliche Einteilung eher verwirrend. Es wird daher nur der Vollständigkeit halber hier vorgestellt.

Freytags Modell wird auch als *Pyramidenmodell* bezeichnet, da sein dritter mittlerer Teil die Klimax, also den Höhepunkt, enthält und somit die Silhouette des Spannungsbogens mit viel Phantasie einer Pyramide ähnelt (■ Abb. 6.3; Freytag 2003).

6.4 Vorarbeiten zu den Heldenreisetheorien

Otto Rank, der in Wien eng mit Sigmund Freud zusammenarbeitete, analysierte Anfang des 20. Jahrhunderts die narrative Struktur von Mythen und Märchen. Den Untersuchungsfokus legte er insbesondere auf Geburtsgeschichten von Helden. Dafür zog er unter anderem Sargon, Moses, Karna, Ödipus, Gregorius, Paris, Telephos, Perseus, Kyros, Ferêdûn, Romulus und Remus, Amphion und Zethos, Herakles, Jesus, Buddha, Siegfried sowie Lohengrin heran (Rank 1909, S. 12–55). Dabei beschrieb er zahlreiche Gemeinsamkeiten. Später fand er auch unabhängig von Geburtsgeschichten Gemeinsamkeiten bei antiken Mythen (Rank 1919).

Auch C. G. Jung beschrieb einige Gemeinsamkeiten in den Mythen indigener Völker. Er führte sie auf das kollektives Unbewusste (► Abschn. 1.5.1) zurück (Jung 2001).

Leo Frobenius sammelte Volksmärchen und -dichtungen aus verschiedenen Teilen Afrikas. Dabei fielen ihm ebenfalls überraschende Parallelen auf. Diese gemeinsamen Erzählmuster erinnerten ihn an Strukturen europäischer Mythen (Frobenius 1921).

Rank, Jung und Frobenius lieferten zwar keine komplette Erzähllehre, aber ihre Arbeiten haben die spätere Entdeckung einer universellen Mythenstruktur erst ermöglicht.

6.5 Heldenreise von Campbell

Joseph Campbell (1904–1987) untergliederte 1949 Handlungsabläufe wesentlich detailreicher als nur in einzelne Akte. Ihm waren die Schriften von Otto Rank, Leo Frobenius und C. G. Jung bekannt (Jung 2001). Auf dieser Grundlage erforschte er weitere Mythen und Geschichten zahlreicher indigener Völker und verglich diese mit modernen Geschichten aus Literatur und Film. Ganz besonderes Augenmerk legte er auf die mythologische Überlieferung der Abenteuer von Theseus mit dem Minotaurus im Labyrinth von Kreta. Dabei bestätigte er C. G. Jungs Aussage, dass alle Mythen gemeinsame Elemente aufweisen. Insbesondere fiel ihm auf, dass Geschichten ausgehend vom Helden stets nach einem ähnlichen Muster gewebt sind, unabhängig von der kulturellen Herkunft des Märchens, des Epos oder des Mythos. Er nannte dies *Monomythos* (monomyth) und konstatiert (Campbell 1999, S. 9):

> » […] immer wieder wird es ein und dieselbe, bei allem Wechsel merkwürdig konstante Geschichte sein.[4]

Ausgehend von dieser Beobachtung formulierte er erstmals den Begriff *Heldenreise* (hero's journey) (Campbell 1994).

Nach Campbell gibt es 17 Stationen innerhalb der Heldenreise, die er mit sehr blumigen Worten umschrieb. Auf diese Unterteilung Campbells wird im Folgenden nur kurz eingegangen, da sie zwar von ihrer grundsätzlichen Intention richtig, aber in ihrer genauen Ausprägung veränderungsbedürftig ist. Die 17 Stationen Campbells gliedern sich folgendermaßen (Campbell 1994, 1999):

1. *Der Ruf des Abenteuers* (The Call to Adventure)
2. *Verweigerung des Rufes* (Refusal of the Call)
3. *Übernatürliche Hilfe* (Supernatural Aid)
4. *Übertreten des Schwelle* (Crossing the Threshold)
5. *Befreiung aus dem Walbauch* (Belly of the Whale)
6. *Die Straße der Versuchungen* (The Road of Trials)
7. *Das Treffen mit der Göttin* (The Meeting with the Goddess)
8. *Frau als Verführerin* (Woman as Temptress)
9. *Versöhnung mit dem Vater* (Atonement with the Father)
10. *Apotheose* (Apotheosis)
11. *Der Endsegen* (The Ultimate Boon)
12. *Verweigerung der Rückkehr* (Refusal of the Return)
13. *Der magische Flug* (The Magic Flight)
14. *Hilfe aus dem Nirgendwo* (Rescue from Without)
15. *Das Überschreiten der Rückkehrschwelle* (The Crossing of the Return Threshold)
16. *Meister von zwei Welten* (Master of Two Worlds)
17. *Freiheit zu leben* (Freedom to Live)

Dabei gehören die Stationen 1 bis 3 zum 1. Akt nach Aristoteles, 4 bis 11 zum 2. Akt und 12 bis 17 zum 3. Akt.

> ❯ **Campbell benutzte zum ersten Mal den Begriff „Heldenreise". Sie bezeichnet**

---

4   Im Original: it will be always the one, shape-shifting yet marvelously constant story that we find.

einen archetypischen universalen Handlungsfaden, der sich in Mythen, Märchen und anderer Geschichten verschiedener Kulturen finden lässt.

George Lukas besuchte eine Vorlesung von Joseph Campbell und war danach von der Kraft der Heldenreise überzeugt. Aus diesem Grund lehnen sich u. a. die Star-Wars-Filme streng an die Heldenreise nach der Version Campbells an (Wulff 2015).

6.6 Heldenreise von Vogler

Christopher Vogler, der Drehbuchlektor für die Walt Disney Company war, griff in seinem Buch *The Writer's Journey* 1992 die Lehren Campbells auf und passte sie für Autoren und Drehbuchersteller an. Vogler untergliedert die Heldenreise statt in siebzehn Teile wie Campbell nur in zwölf Teile (Vogler 1992):
1. *Die gewohnte Welt* (The Ordinary World)
2. *Der Ruf des Abenteuers* (The Call to Adventure)
3. *Verweigerung des Rufes* (Refusal of the Call)
4. *Treffen mit dem Mentor* (Meeting with the Mentor)
5. *Überschreiten der Schwelle zur speziellen Welt* (Crossing the Threshold to the Special World)
6. *Prüfungen, Verbündete und Feinde* (Tests, Allies and Enemies)
7. *Betreten des Innersten* (Approach to the Innermost Cave)
8. *Die Auszeichnung* (The Ordeal)
9. *Die Belohnung* (Reward)
10. *Der Rückweg* (The Road Back)
11. *Die Auferstehung* (The Resurrection)
12. *Rückkehr mit dem Elixier* (Return with the Elixier)

Die Intention von Vogler zielte eher auf den praktischen Nutzen als auf wissenschaftliche Erkenntnis. Sein Buch erlangte in Kalifornien große Popularität (Vogler 1997, 2007). Vor allem in US-amerikanischen Kinofilmen wird seitdem oftmals streng nach den Lehren von Vogler gearbeitet. Dies ist einer der Gründe, warum Hollywoodfilme stets das gleiche Strickmuster aufweisen und warum der Zuschauer meist innerhalb der ersten Minuten erkennt, wie der Film weiter verläuft. Die konsequente Anwendung der Heldenreise ist aber auch ein Grund für den weltweiten kommerziellen Erfolg amerikanischer Filme.

Besonders die Walt Disney Company, 20th Century Fox und Warner Bros arbeiten offensichtlich nach den Lehren Voglers. Es ist zu beachten, dass der Rückgriff auf Voglers Lehren schon Ende der 1960er Jahre begann, also vor der Veröffentlichung seines Buches.

6.7 Vergleich der Heldenreisen von Campbell und Vogler

Voglers Einteilung unterscheidet sich zusätzlich in einigen Stationen signifikant vom Vorbild Campbells. Dies wird offensichtlich, wenn man die Stationen wie in ◘ Tab. 6.3 gegenüberstellt. So überschreitet der Held bei Vogler erst in Station 4 die Schwelle, während Campbells Held diesen Schritt schon in Station 3 wagt, dafür tritt Voglers Held schon in Station 9 die Rückkehr an, während Campbells Held hier die Rückkehr erst einmal verweigert.

Die Heldenreisentheorien von Campbell und Vogler wurden im deutschsprachigen Raum von der Medienwissenschaftlerin Michaela Krützen in ihrem Buch *Dramaturgie des Films* und in ihren Vorlesungen aufgegriffen, konkretisiert und anhand zahlreicher Beispiele belegt (Krützen 2011).

Carina El-Nomany, Holger Lindemann, Franz Mittermair, Christian Peitz, Paul Rebillot und Martin Weiss haben weitgehend unabhängig voneinander die Heldenreisentheorien von Campbell und Vogler in Richtung von psychologisch-systemischen Therapien weiterentwickelt (El-Nomany 2017; Lindemann 2016; Mittermair 2011; Peitz 2014; Weiss 2004).

◨ **Tab. 6.3**   Gegenüberstellung der Stationen von Campbell und Vogler

Campbell	Vogler	Inhalt
	The ordinary world	Der Held wird in seiner gewohnten Welt vorgestellt
The call to adventure	The call to adventure	Der Held wird zum Abenteuer gerufen, meist von einem Herold
Refusal of the call	Refusal of the call	Der Held verweigert den Ruf
Supernatural aid	Meeting with the mentor	Der Held bekommt vom Mentor übernatürliche Hilfe oder einen Rat
Crossing the threshold	Crossing the threshold to the special world	Der Held überquert die Pforte zur Unterwelt
Belly of the whale	–	Der Held wird gefangen und kommt danach wieder frei
The road of trials	Tests, allies and enemies	Der Held wird vor erste Bewährungsproben gestellt und trifft dabei auf Verbündete und Feinde
The meeting with the goddess	–	Der Held trifft eine göttliche Frau
Woman as temptress	–	Die Frau führt den Helden in Versuchung
Atonement with the father	–	Der Held trifft auf seinen Vater und versöhnt sich mit diesem
–	Approach to the innermost cave	Nun dringt er bis zur tiefsten Höhle, zum gefährlichsten Punkt vor und trifft dabei auf den Gegner
Apotheosis	The ordeal	Der Held hat seinen Endkampf und wird erhöht
The ultimate boon	Reward	Der Held erhält eine Belohnung
Refusal of the return	–	Der Held verweigert die Rückkehr
The magic flight	The road back	Der Held kehrt (oft durch einen magischen Flug) in seine gewohnte Welt zurück
Rescue from without	The resurrection	Der Held ersteht wieder auf
The crossing of the return threshold	Return with the elixir	Der Held kommt zu Hause mit dem Elixier, Schatz, Wissen bzw. Belohnung an
Master of two worlds	–	Der Held muss die Erfahrungen der Heldenreise in seine Alltagswelt integrieren
Freedom to live	–	Der Held kann wieder sein Leben genießen

Fazit

Gemäß Aristoteles wird eine Theatergeschichte in drei Akte gegliedert. Horaz und Freitag gliederten dagegen eine Handlung in fünf Teile.

Campbell analysierte viele Mythen und Märchen und beschrieb danach eine kulturübergreifende Heldenreise mit 17 Stationen.

Vogler adaptierte die Heldenreise Campbells. Er kam auf zwölf Stationen, die sich teilweise mit Campbells Stationen decken.

Die meisten US-amerikanischen Filme bedienen sich seitdem der Vorlage Voglers. Einige Therapeuten greifen ebenfalls auf Campbells und Voglers Heldenreise zurück.

Literatur

Aristoteles. (1976). *Poetik*. (ca. 335 v. Chr.) übers. von Fuhrmann, Manfred. München: Reclam

Campbell, J. (1994). *Die Kraft der Mythen. Bilder der Seele im Leben des Menschen*. Zürich: Artemis & Winkler.

Campbell, J. (1999). *Der Heros in tausend Gestalten*. Frankfurt: Insel.

El-Nomany, C. (2017). *Die Essenz der Heldenreise Leben: Ein Instrument zur persönlichen Entwicklung und Heilung*. Hamburg: Kreutzfeldt digital.

Flaccus, Q. H. (1984). *Ars Poetica. Die Dichtkunst, Lateinisch/Deutsch* (übers. Nachwort: Eckart Schäfer, 2. Aufl.). Stuttgart.

Freytag, G. (2003). *Die Technik des Dramas*. Berlin: Autorenhaus.

Frobenius, L. (1921). *Atlantis – Volksmärchen und Volksdichtungen Afrikas*. Veröffentlichungen des Instituts für Kulturmorphologie. Herausgegeben von Leo Frobenius (12. Bd). Jena: Diederichs. ► https://archive.org/details/atlantisvolksm06frob. Zugegriffen: 12. Mai 2018.

Jung, C. G. (2001). *Archetypen* (10. Aufl.). München: Deutscher Taschenbuch Verein.

Krützen, M. (2011). *Dramaturgie des Films – Wie Hollywood erzählt* (3. Aufl.). Frankfurt a. M.: Fischer.

Lengyel, L. (1990). *Das Geheimnis der Kelten* (5. Aufl.). Freiburg im Breisgau: Hermann Bauer-Verlag.

Lindemann, H. (2016). *Die große Metaphern-Schatzkiste – 60 Bild- und Strukturkarten zur Systemischen Heldenreise*. Göttingen: Vandenhoeck & Ruprecht.

Meehan, A. (1996). *Symbole der Kulturen – Kelten*. München: ars edition.

Mittermair, F. (2011). *Neue Helden braucht das Land. Persönliche Entwicklung und Heilung durch rituelle Gestalttherapie. Das Handbuch für die „große Heldenreise"* (Korrigierte Neuausgabe, 1. Aufl.). Wasserburg: Eagle Books.

Peitz, C. (2014). *Kindheit – Heldenzeit. Märchen, Bildung und Entwicklung*. Minden: TimpeTe.

Rank, O. (1909). *Der Mythos von der Geburt des Helden. Versuch einer psychologischen Mythendeutung*. Leipzig: Kraus. ► https://archive.org/details/SzaS_5_Rank_1909_Mythus_von_der_Geburt_des_Helden. Zugegriffen: 12. Mai 2018.

Rank, O. (1919). *Psychoanalytische Beiträge zur Mythenforschung*. Leipzig: Internationale Psychoanalytische Bibliothek.

Vogler, C. (1992). *The Writer's Journey – Mythic Structure for Storytellers and Screenwriters*. Studio City: Michael Wiese Productions.

Vogler, C. (1997). *Die Odyssee des Drehbuchschreibers – Über die mythologischen Grundmuster des amerikanischen Erfolgskinos* (2. Aufl.). Frankfurt a. M.: Zweitausendeins.

Vogler, C. (2007). *The Writer's Journey – Mythic Structure for Writers* (3. Aufl.). Studio City: Michael Wiese Productions.

Weiss, M. (2004). *Quest. Die Sehnsucht nach dem Wesentlichen*. Paderborn: Junfermann.

Wulff, H. J. (2015). *Lexikon der Filmbegriffe: Mythenreise/mythische Heldenfahrt*. ► http://filmlexikon.uni-kiel.de/index.php?action=lexikon&tag=det&id=4584. Zugegriffen: 7. Juli 2015.

Dodekazyklische Heldenreise

© Springer-Verlag GmbH Deutschland, ein Teil von Springer Nature 2019

T. C. Breiner, *Psychologie des Geschichtenerzählens,* https://doi.org/10.1007/978-3-662-57862-9_7

7

Nach der Analyse mehrerer antiker Mythen[1], mittelalterlicher Märchen[2] und neuzeitlichen erfolgreichen Romanen und Filmen[3] soll in diesem Kapitel erstmals ein neuer Aufbau der Heldenreise erarbeitet werden. Bei dieser neuen Struktur wird das Ende der Handlung mit dem Anfang verknüpft, was sinnvoll ist, da der Held in der gewohnten Welt startet und am Ende seiner Heldenreise wieder in der gewohnten Welt ankommt. Zusätzlich sollen sich die Stationen der Heldenreise zyklisch aus sich selbst heraus bedingen. Somit wird dieses neue Modell im Folgenden *dodekazyklische Heldenreise* genannt. Im ▶ Abschn. 7.2 wird begründet, warum diese Korrektur zu Joseph Campbell und Christopher Vogler sinnvoll ist.

7.1 Stationen der dodekazyklischen Heldenreise

Die dodekazyklische Heldenreise besteht aus zwölf Stationen. Jede der Stationen wird mit einem einzigen Wort gekennzeichnet, welche ihre Funktion kurz umreist:

1. Vorstellung,
2. Belehrung,
3. Ruf,

4. Überredung,
5. Aufbruch,
6. Probleme,
7. Verstrickungen,
8. Endkampf,
9. Auflösung,
10. Auferstehung,
11. Rückkehr,
12. Transformation.

Die ersten vier Stationen (Vorstellung, Belehrung, Ruf und Überredung) entsprechen dem ersten Akt des antiken Theaters, also der Initiation.

Die mittleren vier Stationen (Aufbruch, Probleme, Verstrickungen und Endkampf) sind Bestandteile des zweiten Aktes, also der Konfrontation.

Die letzten vier Stationen (Auflösung, Auferstehung, Rückkehr und Transformation) subsummieren sich zum dritten Akt, also der Resolution.

In den folgenden Unterabschnitten werden die Funktionen der einzelnen Stationen nacheinander detailliert beschrieben. Am Schluss der Unterabschnitte soll jeweils die Umsetzung der Stationen an fünf Beispielen aufgezeigt werden:

Als erstes Beispiel soll *Der Herr der Ringe*[4] dienen, einerseits weil die Geschichte von Prof. John Ronald Reuel Tolkien lang genug ist, damit alle zwölf Stationen offensichtlich durchlaufen werden, andererseits weil die Geschichte insbesondere durch die filmische Umsetzung von Peter Jackson einer breiten Schicht von Personen zugänglich und damit allseits bekannt ist. Um Missverständnissen vorzubeugen, muss darauf hingewiesen werden, dass die einzelnen Bände der Trilogie nicht mit den drei Akten korrespondieren. So erstreckt sich der zweite Akt von der Mitte des ersten Bandes bis zur Mitte des dritten Bandes (Tolkien 1955). Auch wenn *Der Herr der Ringe* erst 1955 veröffentlicht wurde, hat

---

1 Im Einzelnen: Beowulf, Zentauren-Sagen, Herakles-Sage, Hildebrandslied, Nibelungenlied, Ödipus-Sage, Die Aufgaben des Odysseus, Parzival, Prometheus-Sage, Trojanischer Sagenzyklus.

2 Im Einzelnen: Allerleirauh, Aschenputtel, Das tapfere Schneiderlein, Der Froschkönig, Der Wolf und die sieben jungen Geißlein, Die Bremer Stadtmusikanten, Die Sterntaler, Die zwölf Brüder, Die zwölf Jäger, Dornröschen, Frau Holle, Hänsel und Gretel, Hans im Glück, Rotkäppchen, Rumpelstilzchen, Schneewittchen, Till Eulenspiegel.

3 Im Einzelnen: Das Fliegende Klassenzimmer, Das Zeichen des Zorro, Der Herr der Ringe, Der Steppenwolf, Die Feuerzangenbowle, Die Räuber, Dr. Jekyll and Mr. Hyde, Frankenstein or The Modern Prometheus, Irrgarten der Leidenschaft, Metropolis, Nosferatu, Sherlock Holmes, Winnetou, Woyzeck.

4 Im Original: The Lord of the Rings.

Tolkien sich der Phantasiegeschichte schon in den Jahren 1938 bis 1939 angenommen, sodass er von Campbells und Voglers Lehren noch nicht beeinflusst werden konnte (Baumann und Thaa 2009). Allerdings hatte er durchaus eigene Mythen- und Märchenanalysen vorgenommen, sodass diese Geschichte auch als alternative Quintessenz der Heldenreise angesehen werden kann (Tolkien 1938).

Als zweites und drittes Beispiel sollen zwei Grimm'sche Märchen dienen: „Hänsel und Gretel" sowie „Rotkäppchen" in der Fassung von 1857. Diese Märchen sind allseits bekannt. Allerdings werden bei den zwei Märchen aufgrund ihrer Kürze einige Stationen der Heldenreise übersprungen (Grimm und Grimm 1857).

Als viertes Beispiel dient die Nibelungensage als Prototyp eines umfangreichen Dramas des frühen Mittelalters. Aus den vielen Varianten wurde das mittelhochdeutsche Nibelungenlied als bekannteste und wohl originalste Version ausgewählt (Behmel 2001).

Als fünftes Beispiel dient ein Kriminalroman für Kinder, es handelt sich um den ersten Kruschelkrimi mit dem Titel *Der Räuber des Blitzes* (Breiner 2010). Anders als die ersten beiden Beispiele wurde der Kruschelkrimi als erste Geschichte absichtlich mithilfe der vorliegenden dodekazyklischen Heldenreise erstellt. Dies ist ein Grund für die hohe Akzeptanz der Kruschelkrimireihe unter Kindern. Es ist zu beachten, dass eigentlich mehrere Heldenreisen für verschiedene Charaktere gleichzeitig durchlaufen werden und die parallelen Heldenreisen nicht immer zueinander chronologisch verlaufen, sodass die Geschichte nicht leicht zu entschlüsseln ist. Im Folgenden wird nur die Heldenreise des Haupthelden Martin betrachtet.

7.1.1 Vorstellung (1. Station)

Die erste Station der Heldenreise, die Vorstellung, dient vornehmlich dazu, den Protagonisten als Held auszuweisen und eine psychologische Verschmelzung des Konsumenten mit dem Helden zu erreichen.

Am Anfang jeder Geschichte, jeden Films oder narrativen Games sollte dafür der Held und sein natürliches gewohntes Umfeld präsentiert werden. Das gewohnte Umfeld sollte – wenn möglich – mit dem Alltagsmilieu des Lesers, Zuhörers, Zuschauers bzw. Spielers (im Folgenden der Lesbarkeit halber nur noch Konsument genannt) korrespondieren und positiv besetzt sein. Der Held sollte einfache Handlungen ausführen, die jeder Konsument aus seinem Alltag kennt. Der Held sollte dabei auch logische Entscheidungen fällen, die jeder Konsument nachvollziehen kann. Der sympathische Charakter des Helden muss offensichtlich werden.

Auf diese Weise wird sich der Konsument über Spiegelneurone empathisch mit dem Helden identifizieren. Er wird infolge der Identifikation ab sofort die Geschichte aus dem Blickwinkel des Helden miterleben.

Die erste Station ist die wichtigste aller zwölf Stationen. Wenn die Identifikation nicht gelingt, so wird auch die gesamte Restgeschichte emotionslos aus einer psychologischen Distanz erlebt. Die erste Station ist somit die Basis für die Akzeptanz der Geschichte seitens des Konsumenten.

- **Beispiel „Der Herr der Ringe"**
In der Herr-der-Ringe-Geschichte werden in der ersten Station Frodo, seine Hobbit-Gefährten und ihre Heimat, das Auenland, vorgestellt. Das Auenland wird möglichst harmonisch und heimelig präsentiert.

- **Beispiel „Rotkäppchen" und „Hänsel und Gretel"**
In den beiden Märchen werden Rotkäppchen bzw. Hänsel und Gretel in ihrer gewohnten Umgebung, also zu Hause beim Vater und der Stiefmutter, initiiert.

- **Beispiel „Nibelungensage"**
Auch in der *Nibelungensage* werden die Nebenheldin Kriemhild mit ihren drei

Brüdern Gunther, Gernot und Giselher und ihrer Mutter Ute in der gewohnten höfischen Umgebung in Worms vorgestellt. Danach folgt die Vorstellung des Haupthelden Siegfried als Kind. Er lebt behütet am Hofe seiner königlichen Eltern Siegmund und Sieglind in Xanten am Niederrhein. Durch die ausführliche Beschreibung seiner ungestüm kindlichen Dickköpfigkeit, seiner Rechtschaffenheit, seiner Bescheidenheit bezüglich Machtfragen und seines Heldenmutes kann sich der Konsument leicht mit ihm identifizieren.

■ **Beispiel „Der Räuber des Blitzes"**

Im Kruschelkrimi wird der Held Martin von seiner Mutter gerufen. Er befindet sich in seinem Kinderzimmer. Auch seine Schwester Klein-Anna und sein Vater werden beschrieben. Die Familie befindet sich in einer für Kinder gewohnten Alltagsumgebung.

7.1.2 Belehrung (2. Station)

In der zweiten Station der Heldenreise, der Belehrung, tritt der Mentor (s. auch ▶ Abschn. 2.2) zum ersten Mal auf den Plan. Diese erste Vorstellung ist zumeist auch die intensivste Begegnung des Helden mit dem Mentor. Die zweite Station erfolgt noch immer in der gewohnten Alltagsumgebung des Helden, sodass die Identifikation vertieft werden kann.

Der Mentor gibt dem Helden den entscheidenden Rat zum Bestehen der Geschichte. Als Gabenschenkermentor überreicht er ihm die entscheidende Waffe oder einen wichtigen Zauberspruch für den späteren Endkampf mit dem Schatten. Meist warnt der Mentor den Helden vor den Gefahren, die im weiteren Verlauf der Geschichte auf ihn zukommen werden. Die Belehrung kann auch zusätzlich durch Selbstreflexion erfolgen oder durch ein kleineres Vorerlebnis des Helden, welches den späteren Endkampf vorwegnimmt und ihn trainiert.

■ **Beispiel „Der Herr der Ringe"**

Im Beispiel *Herr der Ringe* ist es Gandalf, welcher in primärer Funktion als Mentor fungiert. Er wird präsentiert und gibt dem Helden Frodo Erklärungen bezüglich des Ringes und einiger Gefahren, die in Mordor lauern.

■ **Beispiel „Rotkäppchen"**

Die Mutter – in ihrer Funktion als Mentorin – ermahnt Rotkäppchen, nicht vom Weg abzukommen. Sie warnt zudem vor dem bösen Wolf.

■ **Beispiel „Hänsel und Gretel"**

In „Hänsel und Gretel" wird der Mentor auf eine spirituelle Ebene gehoben, denn Hänsel tröstet Gretel mit dem Spruch: „Schlaf nur, lieb Gretel, der liebe Gott wird uns schon helfen." Somit wird der Rat des Mentors, in diesem Fall Gott, nur indirekt angesprochen und auch nicht in der richtigen Chronologie. Es ist zu vermuten, dass im Originalmärchen, welches als Vorlage für die Aufzeichnung der Gebrüder Grimm diente, eine entsprechende konkrete Passage vorhanden war, die im Lauf der Jahrhunderte verloren ging.

■ **Beispiel „Nibelungensage"**

Siegfried wird von seinem Vater Siegmund, der die Rolle des Mentors übernimmt, in seinem kindlichen Ungestüm gebremst und so indirekt vor den kommenden Gefahren gewarnt.

■ **Beispiel „Der Räuber des Blitzes"**

Beim Kruschelkrimi sind es die Eltern, die gemeinsam als Mentoren fungieren. Der Vater gibt Martin einige gute Ratschläge, darunter befindet sich der entscheidende Ratschlag, bei Menschen stets nach deren Motivation für ihre Handlungen zu fragen, um sich ein Urteil zu bilden. Die Mutter warnt ihn, nicht die Abkürzung durch den Mörkwald zu nehmen, die Martin fast zum Verhängnis wird. Im späteren Verlauf der Geschichte fungieren auch einige Lehrer als

Mitmentoren. Insbesondere Herr Riese, der Mathematiklehrer, gibt ihm einige Hinweise zum Lösen des Falls.

7.1.3 Ruf (3. Station)

In der dritten Station der Heldenreise erscheint zumeist ein Herold, der eine schwere Aufgabe für den Helden bereithält und ihn damit gleichsam initiiert. Der Herold ist oftmals, aber nicht immer identisch mit dem Mentor. Die Übertragung der Aufgabe wird als Ruf bezeichnet.

Der Held realisiert mehr und mehr, dass ab jetzt nichts mehr so sein wird wie vorher. Der Ruf ist meist negativ behaftet und mit einem Schreck oder einem Schockmoment verbunden. Solche Ereignisse, in denen sich das Leben des Helden von einem Augenblick zum nächsten komplett ändert, sind beispielsweise:

- Ein Held entdeckt, dass seine vermeintlich treue Frau ihn seit Jahren betrügt.
- Eine nahestehende Person des Helden wird ermordet.
- Die alte Heimat wird durch einen Bombenangriff zerstört.
- Dem Helden wird überraschend gekündigt und er ist unvermittelt arbeitslos.
- Der Held wird Zeuge eines Verbrechens, das nur er alleine aufdecken kann.
- Ein Kind des Helden wird von einer Gang überfallen.
- Eine Heldin findet beim Aufräumen Crystal Meth in der Tasche ihres pubertierenden Sohnes.

Die plötzlichen auftauchenden Probleme sind für den Helden unbequem und können von ihm nur offensiv gelöst werden, das heißt, es wird klar, dass der Held seine Alltagswelt und eventuell auch seine Heimat verlassen müsste, um die Wurzel des Übels zu beseitigen.

Der Held weigert sich in den ersten Momenten nach dem Schrecken noch, die Aufgabe anzuerkennen und dem Ruf tatsächlich zu folgen. Diese Weigerung symbolisiert metaphorisch die Beharrungstendenz der

Psyche und die Angst, sich mit dem eigenen Unbewussten auseinanderzusetzen.

Diese Station ist auch eine Station des Mangels, das heißt, es wird gezeigt, dass dem Helden irgendetwas Entscheidendes fehlt, was er im späteren Verlauf der Geschichte noch erwerben wird. Dies kann eine Fähigkeit, eine tugendhafte Charaktereigenschaft oder eine Liebe sein. Der Mangel kann sich aber auch in Form von Hunger, finanzieller Not oder einem anderen materiellen Mangel äußern. Er kann infolge des Rufs entstehen, aber auch gänzlich davon unabhängig sein und damit schon in den vorherigen Stationen 1 und 2 thematisiert worden sein. In Station 3 wird das Verlangen, diesen Mangel zu beheben, aber übermächtig.

- **Beispiel „Der Herr der Ringe"**
In *Herr der Ringe* erhält Frodo den Ring Saurons vom Herolden Bilbo Beutlin. Frodo erkennt, dass der Ring gefährlich ist. Die Aufgabe für den Helden Frodo ist es nun, Saurons Ring zu vernichten. Frodo weigert sich, das Auenland zu verlassen.

- **Beispiel „Rotkäppchen"**
Rotkäppchen erfährt von seiner Mutter, dass die Großmutter krank ist und dass es sein gewohntes Zuhause verlassen muss, um der Großmutter Essen zu bringen. In dem Märchen wird zwar nicht explizit erwähnt, dass Rotkäppchen den Gang zuerst verweigert, aber der Zuhörer kann es sich denken.

- **Beispiel „Hänsel und Gretel"**
Die Familie von Hänsel und Gretel leidet an Hunger. Daher will die Stiefmutter die Kinder im Wald aussetzen. Hänsel und Gretel lauschen an der Tür und erfahren von den herzlosen Absichten der Stiefmutter. Hänsel schmiedet einen Plan, wie sie mithilfe von weißen Kieselsteinen dem Unheil entgehen können.

- **Beispiel „Nibelungensage"**
Siegfried erhält Kunde von Kriemhild und möchte aufbrechen, um sie zu erobern

(entspricht innerem Ruf der Leidenschaft), obwohl sie bisher alle Bewerber mit tödlichem Ausgang abgewiesen hat.

Die Zögerlichkeit Siegfrieds hat mit seinen Eltern Siegmund und Sieglinde zu tun: Siegmund ist aus politischen Gründen gegen ein Aufbrechen Siegfrieds und Sieglinde sorgt sich verständlicherweise um das Leben ihres Sohnes.

- **Beispiel „Der Räuber des Blitzes"**

Im Kruschelkrimi bricht sich der Vater ein Bein und muss von der Mutter ins Krankenhaus gefahren werden. Martin bleibt daher mit seiner Schwester Klein-Anna des Nachts alleine zu Hause. Währenddessen tritt ein schweres Gewitter mit einem Stromausfall auf. Während des Stromausfalls wird der Bernsteinschmuck aus dem Schlossmuseum geraubt, und Martin begegnet einem seltsamen Wesen, dem Kruschelmonster.

7.1.4 Überredung (4. Station)

In der vierten Station wird der Held überredet, seine ihm aufgetragene Aufgabe anzunehmen. Diese Überredung geschieht meist durch den Herold, manchmal aber auch durch den Mentor. Der Held wägt dabei Für und Wider ab. Er ist hin- und hergerissen. Oftmals wird dem Helden noch durch einen weiteren Schicksalsschlag verdeutlicht, dass Inaktivität sinnlos ist. Auch der in Station 3 thematisierte Mangel kann sich verstärken.

Der Held überwindet somit seine Zögerlichkeit. Am Ende dieser Station sind alle Zweifel, ob das Abenteuer es tatsächlich wert ist, durchlaufen zu werden, wie weggeblasen. Der Held ist nun fest entschlossen, die ihm gestellte Herausforderung anzunehmen. Falls es sich nicht um einen Antihelden handelt, schreitet der Held auch mutig voran.

- **Beispiel „Der Herr der Ringe"**

In der Herr-der-Ringe-Trilogie wird Frodo durch Gandalf überredet, Saurons Ring zu vernichten. Frodo überwindet seine Bequemlichkeit, packt seine Sachen und bricht mutig aus dem Auenland auf. Die Gefährten Samweis „Sam" Gamdschie, Meriadoc „Merry" Brandybock und Peregrin „Pippin" Tuk folgen ihm.

- **Beispiel „Rotkäppchen"**

Rotkäppchen wird nochmals von der Mutter überredet, den Weg anzutreten. Diese Station wird im Grimm'schen Original recht knapp gehalten.

- **Beispiel „Hänsel und Gretel"**

Die Familie von Hänsel und Gretel leidet zunehmend Hunger. Der Vater wird abermals von der Stiefmutter überredet, die Kinder auszusetzen. Die Kinder überzeugen sich gegenseitig, dass Widerstand gegen das Aussetzen sinnlos ist. Diesmal streut Hänsel Brotkrümel auf den Weg in den Wald.

- **Beispiel „Nibelungensage"**

Siegfried entschließt sich, aufgrund seines übermächtigen Verlangens nach Kriemhild trotz des Widerstands seiner Eltern mit zwölf Gefährten in Richtung Worms aufzubrechen.

- **Beispiel „Der Räuber des Blitzes"**

Martin steigt in den Keller hinab, um seiner Schwester zu helfen. Dabei muss er selbst allen Mut zusammennehmen und sich überzeugen, dass dieser Schritt notwendig ist. Danach rennt er alleine zur Schule. Da er verspätet ist, überredet er sich selbst, den verbotenen Weg durch den Mörkwald zu nehmen.

7.1.5 Aufbruch (5. Station)

Am Anfang der fünften Station wechselt der Held in eine Anderswelt, welche das Unterbewusste symbolisiert. Sie kann je nach Art der Geschichte durch einen düsteren Wald, eine Unterwelt, eine Höhle, einen kriminalitätsbehafteten Kiez, eine Kampfarena oder durch eine andere infernalisch-dystopische Umgebung repräsentiert werden.

Die Grenze zwischen der Heimat des Helden (Bewusstsein) und der Anderswelt (Unterbewusstsein) wird durch ein besonderes Übergangssymbol, die sogenannte Schwelle, veranschaulicht. Häufige Schwellensymbole sind Türen, Tore, Brücken, Fähren, Pforten, Höhleneingänge, Treppen, Schlagbäume oder Zollstationen. Die Schwellen können auch aus der Religion oder der Mystik kommen, in einigen Geschichten findet man zwei Säulen als Schwellensymbol, die einen Bezug zum Säulenpaar *Boas* und *Jachin* aus der Kabbala haben.

Oftmals wird diese Schwelle durch einen Schwellenhüter bewacht, welcher sich dem Helden in den Weg stellt (s. auch ► Abschn. 2.4) und ihn nicht passieren lassen will.

Die Überwindung des Schwellenhüters stellt die erste größere Herausforderung für den Helden dar. Sie kann dadurch gelingen, dass der Held den Schwellenhüter überlistet, an ihm vorbeischleicht oder ihn einfach überzeugt, ihn durchzulassen. Manchmal muss der Held auch ein Rätsel lösen, welches ihm der Schwellenhüter stellt.

- **Beispiel „Der Herr der Ringe"**

In der Herr-der-Ringe-Trilogie verlässt Frodo schweren Herzens das Auenland. An der Grenze gelangt er an die Pforte des Gasthauses Bree, dort empfängt ihn als Schwellenhüter der Wirt, der ihn nicht passieren lassen will. Auch die ersten schwarzen Reiter, die Nazgûl, können als Schwellenhüter aufgefasst werden.

- **Beispiel „Rotkäppchen"**

Bei Rotkäppchen ist es der böse Wolf, der neben seiner Funktion als Schatten auch Schwellenhüter ist. Das Unterbewusstsein wird durch den Wald abseits des Weges repräsentiert, in den Rotkäppchen durch das unbekümmerte Blumenpflücken immer tiefer hineingerät.

- **Beispiel „Hänsel und Gretel"**

Auch bei Hänsel und Gretel wird das Unterbewusste durch den dunklen Wald symbolisiert. Beim zweiten Aussetzen hat Hänsel nur Brotkrümel dabei, um den Weg zu kennzeichnen, die Brotkrumen werden von den Vögeln des Waldes gefressen. Die Vögel stellen somit inverse Schwellenhüter dar, welche die Rückkehr der Kinder nach Hause verhindern.

- **Beispiel „Nibelungensage"**

In der *Nibelungensage* erfolgt diese Station durch die Erzählung Hagens: Siegfried erkämpft das magische Schwert Balmung und den Nibelungenhort von den Söhnen des Königs Nibelung, welche er in Notwehr erschlagen muss. Er fesselt den Zwerg Alberich, der den Nibelungenhort bewacht und erhält von diesem eine Tarnkappe. Er begegnet dem Drachen Fafnir, tötet ihn und badet in seinem Blut, um sich unverwundbar zu machen. Dabei fällt ein Lindenblatt auf seine Schulter, sodass eine Hautstelle weiterhin verwundbar bleibt. Sowohl die Riesensöhne des Königs Nibelung als auch der Zwerg Alberich und vor allem der Drache Fafnir fungieren als Schwellenhüter.

Die friedliche höfische Welt Siegfrieds weicht somit einer dystopischen magischen Welt voller Gefahren mit kampflustigen Riesen, Zwergen und Drachen.

- **Beispiel „Der Räuber des Blitzes"**

Im Kruschelkrimi muss Martin den düsteren Mörkwald passieren, um rechtzeitig zu seiner Schule zu gelangen, die in der Unterstadt von Hintertupfingen gelegen ist. An zwei Säulen (Schwelle), die vom alten Stadttor übrig geblieben sind, begegnet ihm der schwarze Pitbull Kerbholzeros (Schwellenhüter). Der Name ist eine versteckte Anspielung auf die Wörter „Kerbholz" und den griechischen Höllenhund „Kerberos", der die Pforten des Hades bewachte.

7.1.6 Probleme (6. Station)

In der sechsten Station hat sich der Held schon vollends an die dystopische Welt, die für das Unterbewusste steht, angepasst. Die Naivität der ersten fünf Stationen weicht einem neuen Realismus für die potentiellen Abgründe der Anderswelt.

Hier treten die ersten heftigen Probleme auf, welche der Held aktiv bekämpft. An dieser Stelle kann zur Humorisierung optional auch ein Trickster auf den Plan treten oder eine schon vorhandene Tricksterfigur stärker aktiv werden, denn die Probleme wären ansonsten für den Konsumenten schwer ertragbar.

Es können aber auch neue Nebenhelden, Gefährten oder neue Nebenschattenarchetypen die Handlung bereichern und dem Haupthelden von da an zur Seite stehen.

- **Beispiel „Der Herr der Ringe"**

In *Herr der Ringe* stehen Frodo neben den Hobbits neue Gefährten zur Seite: die Menschen Aragorn und Boromir, der Elb Legolas Grünblatt und der Zwerg Glimli. Frodo merkt zunehmend, das seine Bürde, den Ring zu vernichten, nicht einfach sein wird. Sein lustig-kindliches Gemüt weicht zunehmend einer depressiv-abgeklärten Introvertiertheit.

- **Beispiel „Rotkäppchen"**

Der Wolf verschluckt die Großmutter, zieht ihre Haube auf und legt sich in ihr Bett. Als Rotkäppchen den Raum betritt, erkennt der Zuhörer den Stimmungswandel durch Rotkäppchens Selbstgespräche, denn als es das Haus der Großmutter betritt, sagt es zu sich: „Ei, du mein Gott, wie ängstlich wird mirs heute zumut, und ich bin sonst so gerne bei der Großmutter" (Grimm und Grimm 1854, S. 128). Eine sukzessive Steigerung der Spannung erfolgt durch die Befragung der vermeintlichen Großmutter (Grimm und Grimm 1854, S. 129 ff.):

> » „Ei, Großmutter, was hast du für große Ohren!" „Daß ich dich besser hören kann."

> » „Ei, Großmutter, was hast du für große Augen!" „Daß ich dich besser sehen kann."

> » „Ei, Großmutter, was hast du für große Hände!" „Daß ich dich besser packen kann."

> » „Aber, Großmutter, was hast du für ein entsetzlich großes Maul!" „Daß ich dich besser fressen kann."

Rotkäppchen merkt dabei zunehmend, dass irgendetwas nicht stimmt. Innerhalb der Fragenkette weicht ihre kindliche Naivität zunehmend einem großen Schrecken.

- **Beispiel „Hänsel und Gretel"**

Hänsel und Gretel geraten immer tiefer in den dunklen Wald. Sie sterben fast vor Hunger und bemerken, dass sie in einer schier aussichtslosen Lage sind. Ihre Infantilität weicht zunehmend einer ernsten Aufgeklärtheit. In einer Version des Märchens tritt ein schneeweißer Vogel auf, der die Kinder zum Knusperhäuschen leitet.

- **Beispiel „Nibelungensage"**

Es treten weitere Probleme auf: Siegfried gerät in Streit mit Gunther, Gernot verhindert das Duell und lädt Siegfried als Gast des Wormser Hofes ein.

Sowohl die übermächtigen Sachsen als auch die Dänen erklären den Burgundern den Krieg, woraufhin Siegfried seine Hilfe anbietet. Er besiegt schließlich die beiden Könige. Die Wormser schlagen unter seiner Führung die feindlichen Heere zurück.

An dieser Stelle des Nibelungenliedes gibt es keine Beschreibungen über das kindliche, ungestüme Gemüt Siegfrieds mehr. Siegfried wird zunehmend ernster, durchtriebener und aggressiver. Er ist vom Kind zum erwachsenen Krieger geworden.

- **Beispiel „Der Räuber des Blitzes"**

Im Kruschelkrimi wird Martin mit zahlreichen neuen Problemen konfrontiert, insbesondere wird er von Tigerauge, Karam und

Mr. Butcher gemobbt. Er findet einen neuen Gefährten bzw. Nebenhelden (Kalle) und eine Tricksterfigur (das Kruschelmonster). Zudem wird die Hauptaufgabe zunehmend transparent (Aufklärung des Raubes des Bernsteinschmuckes). Martin wächst zunehmend mit seiner Aufgabe und wird ernster und erwachsener.

7.1.7 Verstrickung (7. Station)

In der 7. Station muss sich der Held verstärkt mit dem Schatten auseinandersetzen. Der Schatten scheint dabei die Oberhand zu gewinnen und den Helden zu dominieren. Zusätzlich verwirren sich die Handlungsfäden. Es wird dadurch gleichsam ein *narrativer Knoten* erzeugt. Die scheinbare Unauflösbarkeit des narrativen Knotens erhöht die Spannung zunehmend.

In dieser Station treten auch Gestaltwandler auf, das heißt, vermeintliche Freunde entpuppen sich als Feinde, Gefährten werden zur Last und angebliche Feinde zeigen ein freundliches Gesicht. Die unklare Lage erzeugt beim Konsumenten ein Gefühl der kompletten Hilflosigkeit, da er nicht mehr weiß, wem er noch vertrauen kann.

Da die Verstrickung aufgrund ihrer Komplexität langwierig ist, wird dieser Station in den meisten Märchen, Mythen und Geschichten am meisten Zeit eingeräumt. Diese relativ hohe Dauer innerhalb einer Geschichte, die bei aktionsgeladenen Geschichten oder Dramen durchaus bis über 50 % der Gesamtdauer einnehmen kann, sollte aber nicht darüber hinwegtäuschen, dass es sich trotzdem funktional nur um eine einzige Station handelt.

Am Ende der siebten Station erscheinen die Widrigkeiten so massiv und komplex, dass sie scheinbar nicht mehr vom Helden bewältigt werden können. Je höher dabei die vermeintliche Unauflösbarkeit der Schwierigkeiten ist und je ausgeloser die Situation des Helden sich gestaltet, desto stärker wird die Spannung auf Seiten des Konsumenten und

die Hoffnung auf eine Auflösung. Am stärksten scheint die Aussichtslosigkeit, wenn der Held von Schatten gefangen wird und alles auf einen Tod des Helden hinausläuft.

- **Beispiel „Der Herr der Ringe"**

In *Herr der Ringe* gerät Frodo mit seinen Gefährten in einen Schneesturm. Sie sind dadurch gezwungen, den gefährlichen Weg durch die Höhlen von Moria zu nehmen. In dieser Unterwelt werden sie von monsterähnlichen Wesen, den Orks, und einem infernalischen Wesen, dem Balrog, angegriffen (Schattenwesen). Der Zauberer Gandalf (Mentor) lenkt Balrog ab und stürzt mit ihm in die Tiefe. An den Raurosfällen wird der Gefährte Boromir (Gestaltwandler) von dem Verlangen, die Macht des Rings zu erhalten, überwältigt und wandelt sich dadurch vom Freund zum Feind. Frodo entkommt dem Angriff Boromirs, indem er den Ring überstreift, dabei werden die Gefährten abermals durch Orks und Uruk-Hais (Schattenwesen) angegriffen. Danach müssen Frodo und seine Gefährten noch zahlreiche andere Prüfungen bestehen, deren Auflistung den Rahmen dieses Abschnittes sprengen würde.

- **Beispiel „Rotkäppchen"**

In Märchen „Rotkäppchen" ist die Station 7 recht kurz gehalten. Die Heldin wird vom Wolf (Schatten, Gestaltwandler und Schwellenhüter) gefressen, ist zusammen mit der Großmutter im Magen des Wolfes gefangen und befindet sich dadurch in einer scheinbar aussichtslosen Lage.

- **Beispiel „Hänsel und Gretel"**

Hänsel und Gretel treffen tief im Wald auf ein Knusperhäuschen. Darin lebt eine Hexe (Gestaltwandlerin und Schatten). Sie sperrt Hänsel ein und zwingt Gretel, Nahrung zum Mästen von Hänsel zu beschaffen. Sobald er das Schlachtgewicht erreicht hat, überprüft die nahezu blinde Hexe durch Betasten des Zeigefingers von Hänsel die Korpulenz. Doch Hänsel entgeht der Schlachtung durch eine List, indem er ein Stöckchen aus den Käfiggittern steckt (◘ Abb. 7.1).

- **Beispiel „Nibelungensage"**

Siegfried hilft Gunther mit einer List, die starke Brünhild auf Island zu erobern. (Diese

◘ **Abb. 7.1**   Plakat für die Aufführung von „Hansel and Gretel" nach der Oper des deutschen Komponisten Engelbert Humperdinck (1854–1921) des Beaux Arts Theatre, 8th and Beacon Streets, Los Angeles in Kalifornien/USA. (van Heaften 2015)

Eroberung kann als Nebenheldenreise von Gunther und Siegfried verstanden werden.) Dabei gibt Siegfried vor, ein Diener Gunthers zu sein. Beim entscheidenden Wettkampf hilft er Gunther beim Kampf gegen Brünhild, indem er sich mit seiner Tarnkappe unsichtbar macht.

Die Eheschließung erfolgt in einer Doppelhochzeit in Worms. So heiratet Gunther Brünhild und Siegfried Kriemhild. Brünhild ahnt aber insgeheim, dass sie einem Betrug aufgesessen ist, und ist voller Groll gegen Siegfried und Krimhild. Brünhild und Kriemhild geraten schließlich in Streit über die gesellschaftliche Stellung ihrer Männer, denn Brünhild glaubt noch, dass Siegfried ein Diener ihres Mannes Gunther sei. Sie vereinbaren, dass diejenige, die zuerst den Dom betrete, die wahre Herrscherin über Worms sei. Kriemhild gewinnt den Kampf, indem sie Brünhild vor dem Eingang die Wahrheit sagt und in dem darauf folgenden Schockmoment zuerst den Dom betritt.

Daraufhin verstricken sich die Akteure mehr und mehr: Brünhild schwört Rache und Hagen wittert die Chance, den Nibelungenhort Siegfrieds an sich zu reißen. Im „Mordrat" gewinnt er Gunther auf seine Seite. Gunther ist somit ein Gestaltwandler, der vom Freund zum Feind des Helden Siegfried mutiert.

Hagen und Gunther bewirken durch eine List eine erneute Kriegsansage der Sachsen, und Hagen entlockt von Kriemhild die verwundbare Stelle auf dem Rücken Siegfrieds, angeblich, um Siegfried vor den Sachsen besser zu schützen. Daraufhin wird die Kriegszusage durch Hagen wieder rückgängig gemacht und dafür eine gemeinsame Jagd zusammen mit Siegfried angesetzt.

■ **Beispiel „Der Räuber des Blitzes"**

Im Kruschelkrimi gerät Martin in immer größere Schwierigkeiten. Er wird ungerechtfertigterweise beschuldigt, eine Kamera gestohlen zu habe, und im Sportunterricht gedemütigt. Sein Gefährte Kalle verdächtigt

ihn, dass er der Bernsteinräuber sei. Karam wandelt sich indessen mehr und mehr vom Feind zum Freund (Gestaltwandler). Die Geschichte verwickelt sich durch zahlreiche Missverständnisse zwischen den Agonisten immer mehr.

7.1.8 Endkampf (8. Station)

Die 8. Station findet vor einer ultimativ dystopischen Kulisse statt. Diese wird von Campbell auch als „tiefste Hölle" bezeichnet. Sie soll den verborgensten Winkel des Unterbewusstseins repräsentieren, sozusagen das Unter-Unterbewusstsein. Um diese Assoziationen beim Konsumenten zu wecken, ist es wichtig, dass sich dieser Ort so weit wie möglich von gewohnten Orten der Alltagswelt unterscheidet. Die Attribute „versteckt", „dunkel", „gefährlich", „kriminell", „böse" und „ungewohnt" verstärken diese Assoziationen zum tiefsten, unbekannten Punkt, welcher dem Bewusstsein besonders fern ist.

Somit kann beipielsweise diese tiefste Hölle durch einen Vulkankrater, eine Grotte, eine Räuberhöhle, einen lebensunfreundlichen Planeten, das feindliche Weltall, einen dedizierten Ort im dunklen Wald oder einen Bunker repräsentiert werden.

Manchmal gibt es auch Kaskaden der Hölle, die zunehmend dystopischer werden. So enthält beispielsweise ein Geheimgang eine weitere Geheimkammer oder in einer infernalischen Grotte gibt es einen speziellen Raum, in dem sich ein Abgrund zum Erdinneren öffnet. In vielen Geschichten gibt es demnach vier ineinandergeschachtelte *Kulissentypen*:

1. Die gewohnte Welt, die das Bewusstsein symbolisiert (Kinderzimmer, Frühstückstisch, Arbeitsplatz, Heimat, Auenland etc.). Diese wird im Folgenden als *Normweltkulisse* bezeichnet.

2. Die dystopische Welt, die das Unbewusste symbolisiert (dunkler Wald, Kriegsschauplatz, Schlachtfeld, verkommene Großstadt, Kanalisation, lebensfeindlicher

Planet etc.). Diese wird kurz als *Unterweltkulisse* bezeichnet.

3. Ein spezieller Bereich innerhalb dieser dystopischen Welt, der den Lebensraum des Schattens kennzeichnet (Hexenhäuschen, Räuberhöhle, Bordell, Keller, Kommandozentrale einer Geheimorganisation, Bunker, Todesstern etc.). Dieser wird fortan *Höllenkulisse* genannt.

4. Ein Ort innerhalb der Höllenkulisse, der bei Exposition zum Tod führen kann (Magma, Herdfeuer, Giftbecken, Folterkeller, Schlangengrube, Grab, Schlund zum Erdinnersten etc.). Er wird im Folgenden verkürzend als *Höllenfeuerkulisse* bezeichnet.

Bei der Erzeugung der Game-Level muss dieser Kulissentypen Rechnung getragen werden, wenn ein Computerspiel seine maximale Wirkung entfalten soll. Dies kann entweder dadurch geschehen, dass vier Level mit zunehmender Dystopie erzeugt werden. Besser ist es aber, ein großes Game-Level mit vier entspechenden Ebenen zu erzeugen und den Spieler im Verlauf des Spiels an die jeweiligen Stellen zu locken.

Meist entbrennt in der Höllenkulisse ein erzwungener Endkampf zwischen dem Helden und der Schattenfigur, welcher die ultimative Prüfung darstellt. Der Schatten erscheint dabei übermächtig und zunächst nicht besiegbar. Um den Helden an einer Flucht zu hindern, wird er oft in seinem Bewegungsradius eingeschränkt. Dies kann durch eine Verletzung, durch Fesseln bzw. Ketten, durch das Einsperren in einen Käfig oder durch verschlossene Ausgänge geschehen. Oftmals gerät der Held in eine Falle des Schattens.

Die Spannung kulminiert und erreicht ihren Höhepunkt. Psychologisch gesehen ist diese Station jedoch kein Höhepunkt, sondern eher ein Tiefpunkt, denn sie findet an der für das Bewusstsein am tiefsten verborgenen Stelle des Unterbewusstsein statt.

Am Ende dieser Station 8 steht die Entscheidung an, ob der Held oder der Schatten in die Höllenfeuerkulisse fällt. Diese Entscheidung ist das Kriterium, ob ein Drama

oder eine Geschichte mit einem glücklichen Ausgang entstehen soll. Einige moderne Experimentalfilme und Games beenden die Geschichte nach der 8. Station. Somit ist es Aufgabe des Zuschauers, Zuhörers oder Spielers mit Hilfe seiner Imagination zu entscheiden, wie die Geschichte weitergehen könnte. Ein solches *offenes Ende* hinterlässt jedoch ein Gefühl der Unsicherheit und ist daher unbefriedigend.

■ **Beispiel „Der Herr der Ringe"**

In *Der Herr der Ringe* entbrennt ein Kampf zwischen Frodo und Gollum im Schicksalsberg (Höllenkulisse), der sich im Zentrum von Mittelerde (Unterweltkulisse) befindet, weit weg vom Auenland (Normweltkulisse). Hier weicht der Film von Peter Jackson aus dramaturgischen Gründen signifikant vom Original Tolkiens ab, bei dem Frodo eher passiv agiert. Am Ende beißt Gollum Frodo den Finger mit dem Ring ab. Durch einen Fehltritt fällt Gollum zusammen mit dem Ring in das Magma der Schicksalsklüfte (Höllenfeuerkulisse).

■ **Beispiel „Rotkäppchen"**

Der Wolf liegt schnarchend im Haus der Großmutter (Höllenkulisse), welches am Ende des Waldes (Unterweltkulisse), also weit weg vom Elternhaus (Normweltkulisse) liegt. Ein zufällig vorbeikommender Jäger entdeckt ihn und befreit Rotkäppchen und die Großmutter durch einen operativen Schnitt. Rotkäppchen legt dem Wolf Wackersteine in den Bauch. Als der Wolf aufwacht, schleppt er sich durstig zum tiefen Brunnen (Höllenfeuerkulisse) und fällt infolge des verlagerten Schwerpunktes hinein. Die Szene mit dem Brunnenfall ist allerdings nicht in der Grimm'schen Version aus dem Jahr 1884 zu finden, hier fällt der Wolf einfach tot auf den Boden.

■ **Beispiel „Hänsel und Gretel"**

Hänsel wird von der bösen Hexe in einen Käfig des Knusperhäuschens (Höllenkulisse) gesteckt, welches sich tief versteckt im dunklen Wald (Unterweltkulisse) befindet, der jenseits des Elternhauses (Normweltkulisse) liegt. Die Hexe will ihn mästen, damit sie ihn schlachten kann. Gretel muss als Magd den Ofen befeuern. Vor dem Ofen entbrennt ein kurzer Kampf zwischen Gretel und der Hexe, bei der die Hexe in das Herdfeuer (Höllenfeuerkulisse) geschubst wird.

- **Beispiel „Nibelungensage"**

Auf dem Jagdfeld (Höllenkulisse) im Burgunderreich (Unterweltkulisse) fernab von Xanthen (Normweltkulisse) lockt Hagen Siegfried bei einem Wettlauf an eine Quelle (Höllenfeuerkulisse). Siegfried gewinnt, wartet bis Hagen und Gunther nachgekommen sind, beugt sich durstig über die Quelle, um zu trinken, und wird dabei hinterrücks durch Hagen erstochen (◘ Abb. 7.2).

- **Beispiel „Der Räuber des Blitzes"**

Im Kruschelkrimi kämpft Martin mit Krotze, dem Schatten, in einem alten Atomschutzbunker (Höllenkulisse) in der Unterstadt von Hintertupfingen (Unterweltkulisse), die unter dem Viertel des Elternhauses (Normweltkulisse) liegt. Krotze schubst ihn in einen tiefen, unbeleuchteten Silo (Höllenfeuerkulisse), aus dem es zunächst kein Entfliehen gibt. Martins Freunde werden ebenfalls in das Silo geworfen.

7.1.9 Auflösung (9. Station)

In dieser Station hat der Held im Normalfall den Endkampf gewonnen, es sei denn, es handelt sich um ein Drama.

Der Moment zwischen der achten und der neunten Station markiert den Augenblick der Entscheidung. Dabei gibt es drei verschiedene Möglichkeiten des Siegs:

Der Schatten kann geschwächt oder ganz vernichtet werden, dies entspricht der *Verdrängung* von Schattenanteilen der Persönlichkeit.

Er kann sich aber auch im Moment verwandeln und in eine positive bzw. harmlose Person mutieren. Symbolisch mutiert der Schatten durch Licht, insbesondere Sonnenlicht, und verwandelt sich dadurch. Dies geschieht in einigen Gruselfilmen, in denen sich Vampire durch Knoblauch, Pfählen und insbesondere durch Sonnenstrahlen wieder in normale Menschen verwandeln. Dies entspricht einer *Aufarbeitung* (aus der Finsternis des Unterbewusstseins ans Licht des Bewusstseins bringen).

Der Held kann aber auch mit dem Schatten verschmelzen und sich letzten Endes die Kraft des Schattens einverleiben. Dies wird als *Integration* bezeichnet. Es dürfte sich hier um den kreativsten und produktivsten Umgang mit dem Schattenarchetyp handeln. Vielfach wandelt sich der Schatten bei der Verschmelzung in eine positive Figur und ist damit neben seiner Hauptrolle als Schatten ein Gestaltwandler.

Oftmals erhält der Held als Belohnung für seine Mühen einen Schatz, eine Trophäe oder ein Elixier. Der Schatz kann dabei auch nichtmateriell sein, z. B. eine neue Fähigkeit, die der Held erwirbt, Weisheit oder neues Geheimwissen.

In dieser Station ist der Held durch die Strapazen der bisherigen Heldenreise geschwächt. Dies wird oft durch große Wunden symbolisiert oder durch eine schwere Krankheit.

Das Drama verhält sich ab dieser Station invers zu den anderen Genres: Hier siegt nicht der Held, sondern der Schatten. Die Niederlage des Helden erfolgt, weil er nicht auf die Ratschläge des Mentors gehört und sich dadurch gegen ein kosmisches Gesetz versündigt hat. Die Verletzungen sind beim Drama so groß, dass der Held meist verstirbt oder sich zumindest von den Verletzungen nie wieder erholen kann. Anstatt einen Schatz zu erhalten, kann es umgekehrt sein, dass der Held einen Schatz, der über lange Jahre in seinem Besitz war, plötzlich verliert. Falls er gestorben ist, so verlieren Ersatzcharaktere an seiner Stelle den Schatz.

7

◘ **Abb. 7.2**   Siegfriedmit dem Speer Hagens im Rücken. Plakat für den Film „Die Nibelungen" von Fritz Lang von Fritz Lang1924. Künstler: Martin Lehmann-Steglitz. (Lennox 2015)

■ **Beispiel „Der Herr der Ringe"**

Gollum wird in *Der Herr der Ringe* zusammen mit dem Ring im Feuer der Schicksalsklüfte vernichtet. Frodo ist aufgrund der Strapazen geschwächt, insbesondere wurde ihm ein Finger abgebissen.

Er erkrankt daraufhin. In der Trilogie wird die Belohnung in der Station 9 doppelt invertiert, sodass es sich wieder um etwas Positives handelt, denn in dieser Geschichte erhält der Held keinen positiven Schatz als Belohnung, sondern entledigt sich eines negativen Schatzes, nämlich des Ringes Saurons.

- **Beispiel „Rotkäppchen"**

Bei Rotkäppchen ist der böse Wolf in den tiefen Brunnen gefallen. Insbesondere die Großmutter ist durch die Anstrengung stark entkräftet, So kann sie kaum atmen. Der Jäger bekommt als Trophäe das Fell des Wolfes und die Großmutter erhält Wein und Kuchen. Rotkäppchen bekommt als Schatz die Weisheit, wie sie mit Wölfen in Zukunft umzugehen habe, was in einer kurzen Nebengeschichte erzählt wird (Grimm und Grimm 1857, S. 129 ff.)

- **Beispiel „Hänsel und Gretel"**

Nachdem die böse Hexe ins Ofenfeuer fällt, finden Hänsel und Gretel im Knusperhäuschen einen Schatz aus Gold und Edelsteinen, sie stecken zusätzlich Lebkuchen und Zuckerwerk in ihre Hosentaschen.

- **Beispiel „Nibelungensage"**

Siegfried verstirbt an der Wunde, die ihm Hagen zugefügt hat. Sein Leichnam wird nach Worms gebracht. Als Hagen am Leichnam Siegfrieds vorbeischreitet, fangen die Wunden des Toten zu bluten an. Kriemhild ahnt daher, wer der Mörder ist, hat aber keine handfesten Beweise. In jahrelanger tiefer Trauer versunken, schwört sie Rache. Sie verteilt Teile des Nibelungenschatzes an fremde Recken, um sie an sich zu binden um damit eine Gegenmacht zu Hagen aufzubauen.

Hagen, der das Ansinnen Kriemhilds erkennt, entwendet ihr daraufhin den Nibelungenschatz und versenkt ihn an einer bis heute unbekannten Stelle im Rhein.

- **Beispiel „Der Räuber des Blitzes"**

Nachdem Martin, Karam und Tigerauge gemeinsam in das Silo geworfen wurden, entpuppt sich die vermeintliche Schattenperson Tigerauge als positive Figur (Gestaltwandler-Schatten). Martin erhält somit einen neuen Freund als Belohnung. Martin und seine Gefährten sind schließlich durch Sauerstoffmangel so geschwächt, dass sie in Ohnmacht fallen.

7.1.10 Auferstehung (10. Station)

In der 10. Station genest der Held von seinen Strapazen. Oftmals wird er gepflegt, bis er wieder zu Kräften gekommen ist.

Nachdem er zunächst nicht mehr die dystopische Welt, die Unterweltkulisse, verlassen will oder kann, wird er entweder dazu überredet oder ihm wird bei einer Flucht von einem Schwellenhüter geholfen. Dabei kann es sich um denselben Schwellenhüter wie an der Grenze zwischen vierter zu fünfter Station handeln, es kann aber auch ein ähnlicher Schwellenhüter sein.

Der Held begibt sich daraufhin auf die Rückreise in seine Heimat bzw. seine vertraute Umgebung, also die Normweltkulisse.

Beim Drama sind es oft die Gefährten des Helden, die sich wieder von Anstrengungen erholen, wenn der Held selbst nicht mehr existiert. Die Rückreise muss dabei nicht unbedingt in die Normweltkulisse, sondern kann auch in eine andere dystopische Welt erfolgen.

- **Beispiel „Der Herr der Ringe"**

In *Der Herr der Ringe* wird Frodo in den Häusern der Heilung gepflegt, bis er wieder bei Kräften ist. Er verweigert zunächst die Rückkehr ins Auenland, wird dann aber doch dazu überredet. Frodo wandert schließlich mit seinen Gefährten über Bruchtal nach Hause.

- **Beispiel „Rotkäppchen"**

Großmutter isst den Kuchen und trinkt den Wein, den Rotkäppchen gebracht hatte, und erholt sich dadurch wieder von den Strapazen. Rotkäppchen wandert danach wieder zurück durch den dunklen Wald.

7

- **Beispiel „Hänsel und Gretel"**

Hänsel und Gretel irren mit ihren Schätzen durch den dunklen Wald und finden zunächst nicht mehr nach Hause. Doch ein weißer Schwan (Schwellenhüter) hilft ihnen, über einen breiten Fluss zu kommen. Hier ist eine eindeutige Parallele zu mythologischen Fährmännern wie Charon bzw. Nessus, die mit ihrem Floß helfen, den Fluss der Toten (Styx[5]) zu überqueren.

- **Beispiel „Nibelungensage"**

Nach 13 Jahren zieht Kriemhild zu den Hunnen und heiratet den Hunnenkönig Etzel. Die Heirat geschieht nicht aus Liebe, sondern nur aus strategischen Rachegelüsten. Sie erlangt dadurch während weiterer 13 Jahre wieder große Macht.

Kriemhild überredet ihren neuen Mann, Hagen und Gunther zu einem Hoffest einzuladen. Hagen vermutet zu Recht eine Falle, will aber nicht als Feigling gelten und sagt zu. Er nimmt aber als Schutz 1000 Krieger und 9000 Knechte mit.

Hagen und seine Gefolge treffen an der Donau auf zwei Wasserfrauen (Schwellenhüterinnen), die den Truppen einerseits helfen, über den Fluss zu kommen, und andererseits ihnen den sicheren Tod weissagen mit Ausnahme des Kaplans. Um die Prophezeiung zu widerlegen, wirft Hagen den Kaplan, der nicht schwimmen kann, in die Donau und hält ihn mit einem Stab unter Wasser.

- **Beispiel „Der Räuber des Blitzes"**

Im Kruschelkrimi ist der Held durch Sauerstoffmangel bewusstlos und mit seinen Freunden im Silo gefangen. Der Schwellenhüter Kerbholzeros findet die Kinder, indem er die Fährte aufnimmt und die Brüder von Tigerauge zum Silo führt. Die Kinder werden befreit, notärztlich versorgt und genesen langsam im Krankenhaus.

7.1.11 **Rückkehr (11. Station)**

In dieser Station hat der Held die dystopische Welt (die Unterweltkulisse) verlassen und ist wieder in seiner ursprünglichen gewohnten Welt angelangt (die Normweltkulisse). Er trifft dort auf Unglauben und Unverständnis. Daher muss er sich erst reintegrieren.

Der Held ist hier vollständig genesen, hat aber noch ein vom Geschehen betroffenes Gemüt. Er stört sich an der Naivität der Hinterbliebenen.

- **Beispiel „Der Herr der Ringe"**

In *Der Herr der Ringe* kehren Frodo und seine Gefährten nach Auenland zurück. Anders als erhofft hat sich das Auenland verändert. Saruman hat ein Schreckensregime aufgebaut. Frodo und seine Gefährten besiegen jedoch seine Schergen. Frodo bietet Saruman die Freiheit an, trifft jedoch mit seinem Angebot bei den Bewohnern des Auenlands auf Unverständnis, insbesondere bei Schlangenzunge. Saruman wird schließlich durch Schlangenzunge rücklings erdolcht. Frodo wird stellvertretender Bürgermeister vom Auenland, ihm ist die alte Heimat trotzdem fremd geworden und er findet keinen rechten Frieden.

- **Beispiel „Rotkäppchen"**

Rotkäppchen kehrt wieder zu ihrer Mutter zurück. Diese ist erstaunt, was Rotkäppchen und der Großmutter widerfahren ist.

- **Beispiel „Hänsel und Gretel"**

Hänsel und Gretel finden schließlich zum Elternhaus zurück. Dort kann der Vater kaum glauben, was seine Kinder erlebt haben.

- **Beispiel „Nibelungensage"**

Hagen glaubt nicht an die Prophezeiung der Wasserfrauen, doch wie durch ein Wunder

---

5   Im Original: Στύξ

kann sich der Kaplan ans Ufer retten. Hagen beginnt, die Vorhersage ernst zu nehmen.

Hagen kommt mit seinem Gefolge am Hof Etzels an. Er provoziert mit markigen Sprüchen die Gastgeber. Die Gastgeber glauben, dass Hagen besonders stark sei und zögern mit dem Angriff.

■ **Beispiel „Der Räuber des Blitzes"**

Martin und seine Gefährten kehren zu ihren Eltern zurück, die im Krankenwagen warten. Reporter wollen wissen, was passiert ist.

7.1.12 Transformation (12. Station)

In dieser Station verändert der Held Teile seiner Heimat. Dies geschieht meist durch den Schatz, den er in Station 9 erhalten hat. Normalerweise ist diese Transformation positiv, das heißt, der Held verändert seine gewohnte Welt zum Guten.

Beim Drama ist es jedoch anders. Wenn der Held noch nicht zwischen Station 8 und 9 gestorben ist, so spätestens hier. Es findet häufig eine komplette Zerstörung der Heimat des Helden oder seiner Hinterbliebenen statt. Dies kann dadurch geschehen, dass die bösen Kräfte der Unterwelt in die Heimat einbrechen und alles Verwüsten, was dem Helden heilig ist.

■ **Beispiel „Der Herr der Ringe"**

Mithilfe Frodos erholt sich das Auenland mehr und mehr von der Besatzung durch Saruman. Frodo zieht mit Gandalf und den Elben nach Westen zu den grauen Anfurten. Seine Laune steigt und er beginnt dort ein neues Leben.

■ **Beispiel „Rotkäppchen"**

Rotkäppchen lebt glücklich und zufrieden abwechselnd bei Mutter und Großmutter.

Großmutter und Rotkäppchen sind schlauer und vorsichtiger geworden.

■ **Beispiel „Hänsel und Gretel"**

Die böse Stiefmutter ist verschwunden: Hänsel und Gretel leben fortan glücklich zusammen mit ihrem Vater, der das Aussetzen bereut. Durch den Schatz, den Hänsel und Gretel gefunden haben, muss die Familie nie mehr Hunger leiden.

■ **Beispiel „Nibelungensage"**

Zwischen Hagens Gefolge und den Hunnen bricht ein blutiger Kampf aus, der sich zur Schlacht aufschaukelt. Dabei werden sowohl die Burgunder als auch ein großer Teil der Hunnen vernichtet. Insbesondere gelingt es Kriemhild, mithilfe des Schwertes namens Baldur, Hagen zu enthaupten. Hildebrand tötet danach Kriemhild aus Rache. Die wenigen Überlebenden trauern. Die Welt der Burgunder und Hunnen hat sich zum Negativen verändert.

■ **Beispiel „Der Räuber des Blitzes"**

In dem Heimatstädtchen von Martin ändert sich vieles zum Positiven: Frau Hagenmeyer bekommt ihren Führerschein wieder. Der Mörder, Herr Krotze, wird zu einer langen Freiheitsstrafe verurteilt. Der unrechtmäßig verurteilte Vater von Tigerauge kommt dagegen frei, und die schwerkranke Mutter von Tigerauge hat erstmals Aussicht auf Genesung, da Kalles reicher Vater ihr eine teure Therapie bezahlt.

❯ **Die dodekazyklische Heldenreise besteht aus zwölf sequentiellen Stationen, welche die Handlungsabfolge in Mythen und Märchen verschiedener Kulturen wiedergeben. Sie unterscheidet sich in wesentlichen Punkten von den Heldenreisen, die von Campbell und Vogler beschrieben wurden.**

7.2 Evaluation der dodekazyklischen Heldenreise

In den folgenden Unterabschnitten soll erläutert werden, warum die Gliederung einer Handlung gemäß der dodekazyklischen Heldenreise sinnvoll ist. Es wird darüber hinaus aufgezeigt, dass diese Gliederung eine versteckte innere Logik besitzt und dass ihre Stationen sich selbst referenzieren.

7.2.1 Vergleich der dodekazyklischen mit Campbells und Voglers Heldenreise

Moderne Literatur, Drehbücher und Filme orientieren sich spätestens seit den siebziger Jahren des letzten Jahrhunderts an der Vorgabe von Campbell und Vogler. Die nach deren Lehre entwickelten Werke werden in der Forschung herangezogen, um die Lehren Campbells wiederum zu untermauern. Es entsteht so ein implikatorischer Zirkelschluss, bei dem die Lehre Campbells sich quasi selbst füttert.

Der Grund dafür, dass moderne Filme oftmals eher nach dem Muster von Campbell und Vogler gestrickt sind als nach der hier erstmals präsentierten dodekazyklischen Heldenreise liegt einfach daran, dass sie sich direkt der Lehren Campbells bedienen. Dies gilt insbesondere für Filme aus dem angelsächsischen Sprachraum.

So werden beispielsweise von Krützen unter anderem folgende Filme zur Erklärung der Heldenreise herangezogen: Star Wars, E.T., Tootsie, Thelma und Louise sowie Das Schweigen der Lämmer (Krützen 2011). Zumindest bei zwei Filmen ist bekannt, dass sie direkt auf den Lehren Campbells und Voglers aufbauen (Star Wars und E.T.), bei den anderen ist zumindest zu vermuten, dass die Drehbuchautoren Campells Lehren gekannt

haben und ihre Filme entsprechend beeinflusst sind.

Narratologische Forschungen sollten daher die Analyse von Literatur und Filmen ab 1949 meiden, also demjenigen Jahr, in dem Campbells Hauptwerk *Der Heros in tausend Gestalten* erschien.

Wenn wir dies beherzigen und nur klassische Werke aus der Antike, Märchen oder Mythen aus dem Mittelalter betrachten, fällt auf, dass sie eher nach der dodekazyklischen Heldenreise funktionieren. So erscheint z. B. in den älteren Geschichten selten der Ruf oder die Aufgabe direkt am Anfang der Geschichte, meist werden erst der Held und sein Umfeld detailliert vorgestellt, um dann einer Belehrung durch den Mentor zu weichen, erst dann kommt der Ruf, sei es bei Siegfried, in den Mythen der Edda, bei den Märchen der Gebrüder Grimm oder den frühen Geschichten Tolkiens.

7.2.2 Gliederung der dodekazyklischen Heldenreise

Es existieren einige weitere Indizien, warum die hier präsentierte dodekazyklische Heldenreise eher der narrativen Blaupause entspricht als die Heldenreisenmodelle von Campbell und Vogler:

Im Gegensatz zu Campbell und Vogler gliedert sich die dodekazyklische Heldenreise mit jeweils vier Stationen in die klassische griechische Aktlehre von Aristoteles ein:

Erster Akt (Initiation):

1. **Vorstellung:** Der Held und sein gewohntes Umfeld werden präsentiert.
2. **Belehrung:** Ein Mentor erscheint und übergibt dem Helden den entscheidenden Rat, um den späteren Endkampf zu lösen.
3. **Ruf:** Es erscheint plötzlich eine schwer zu lösende Aufgabe, meist überbracht durch einen Herold. Der Held zögert, dem Ruf zu folgen.

4. **Überredung:** Der Held wird überredet, die Aufgabe anzunehmen.

Zweiter Akt (Konfrontation):

5. **Aufbruch:** Der Held überwindet seine Zögerlichkeit und übertritt der Schwelle in eine dystopische Welt. Er trifft dabei einen Schwellenhüter, der ihm die Passage erschwert.
6. **Probleme:** Es treten Prüfungen für den Helden auf. Der Held bekommt Verbündete, trifft auf Feinde und bekommt eventuell übernatürliche Hilfe von Mentoren.
7. **Verstrickung:** Die Probleme und Prüfungen potenzieren sich und erscheinen schließlich dem Leser, Spieler, Zuschauer oder Zuhörer unlösbar. Freunde werden zu Feinden und Feinde zu Freunden. Der Held dringt weiter zur tiefsten Hölle vor. Eventuell gerät er in eine Gefangenschaft.
8. **Endkampf:** Es folgt die Klimax in Form einer entscheidenden Prüfung mit dem Schatten in der tiefsten Hölle.

Dritter Akt (Resolution):

9. **Auflösung:** Der Held hat den Endkampf gewonnen und wird dafür durch den Empfang eines Elixiers, eines Schatzes oder neuer Fähigkeiten belohnt. Bei einem Drama hat er dagegen verloren, wird bestraft und geläutert und verliert Reichtum und Status. Er verweigert die Rückkehr.
10. **Auferstehung:** Der Held genest von seinen Strapazen. Er wird zur Rückkehr überredet.
11. **Rückkehr:** Der Held überwindet abermals die Schwelle, diesmal in entgegengesetzter Richtung. Dabei begegnet er wieder dem Schwellenhüter. Er trifft in der Heimat auf Unglauben oder Unverständnis.
12. **Transformation:** Der Held integriert das auf der Heldenreise Gefundene oder Errungene in das Alltagsleben. Er verändert seine Heimat zum Positiven bzw. beim Drama zum Negativen.

7.2.3 Handlungskreis der dodekazyklischen Heldenreise

Die besondere Stärke der dodekazyklischen Heldenreise offenbart sich, wenn sie nicht als lineare sequentielle Abfolge von Ereignissen auf einem eindimensionalen Zeitstrahl angesehen wird, sondern wenn sie – wie ihr Name nahelegt – zirkulär angeordnet wird, das heißt Anfang und Ende miteinander verbunden werden, sodass ein Kreis entsteht (◘ Abb. 7.3).

Es offenbaren sich dann Zusatzinformationen im Rahmen einer inneren Logik. Dies gelingt allerdings nur, wenn man die Heldenreise im Sinne des vorherigen ► Abschn. 7.2.2 modifiziert hat. Die Zusatzinformationen liefern weitere Indizien, dass diese Modifikation der Heldenreise tatsächlich gerechtfertigt ist.

Zunächst fällt auf, dass sowohl der gesamte erste Akt als auch die zweite Hälfte des dritten Aktes das Bewusstsein repräsentieren. So wird der Held im ersten Akt in seinem gewohnten geordneten Milieu präsentiert, welches meist Ähnlichkeiten mit der bekannten Alltagswelt des Konsumenten hat.

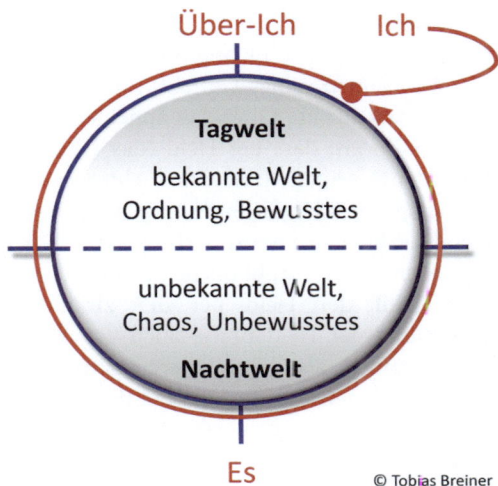

◘ **Abb. 7.3**   Eintritt des Helden in den Handlungskreis mit dem Mentor als Herrscher über die Tag- und dem Schatten als Herrscher über die Nachtwelt

7

In der zweiten Hälfte des dritten Aktes kehrt er wieder in diese Alltagswelt zurück, um sie zu transformieren.

Dagegen spielt der zweite Akt vollständig in einer für den Helden sowie für den Konsumenten unbekannten Welt, welche für das Unbewusste steht. Auch in der ersten Hälfte des dritten Aktes befindet sich der Held in dieser unbewussten Unterwelt.

Wenn wir die Heldenreise mathematisch positiv, also gegen den Uhrzeigersinn anordnen, so muss daher der Beginn bzw. das Ende der Heldenreise zwangläufig bei 60° im ersten Quadranten liegen. Hier liegt der Eintritts- bzw. Austrittspunkt des Helden. Von dort aus wird der Kreis einmal komplett durchlaufen. Dieser kann in eine *bewusste Hälfte* und eine *unbewusste Hälfte* untergliedert werden. Da sich der Zuschauer mit dem Helden identifizieren soll (s. dazu auch ▶ Abschn. 2.1), durchwandert er mit ihm zusammen sein Bewusstsein und sein Unterbewusstsein. Dadurch schaut der Leser, Zuhörer, Zuschauer bzw. Spieler in jedes Hinterstübchen seines Bewusstseins und Unterbewusstseins und räumt dort gemeinsam mit dem Helden auf. Die Heldenreise ist somit eine Hilfestellung im Umgang mit den eigenen verdrängten Anteilen der Persönlichkeit.

In der ersten Hälfte des ersten Aktes lebt der Held völlig im Einklang mit den Normen und Traditionen seines Umfelds, und es wird hier oftmals an sein Gewissen appelliert. Dies ist ein Hinweis, dass der Held (das Ich) hier Kontakt mit seinem Über-Ich sucht, um sich für die späteren Herausforderungen zu wappnen. Das Über-Ich wird archetypisch durch den Mentor versinnbildlicht. Interessanterweise trifft der Held bei der zirkulären Anordnung der Heldenreise auch am obersten Kreispunkt, also beim Übergang vom ersten zum zweiten Quadranten bei der zweiten Heldenreisestation, zum ersten Mal auf den Mentor. Oftmals ist diese erste Begegnung mit dem Mentor der intensivste Kontakt mit dem Über-Ich, da der Mentor dem Helden den entscheidenden Rat zum Bestehen der Geschichte gibt oder ihm die wichtigste Waffe

oder den Zauberspruch für den späteren Endkampf überreicht.

In der dritten Station des ersten Aktes, also bei 45° des zweiten Quadranten, begegnet der Held dem Herold, der die Geschichte ins Rollen bringt. Hier wird der Held überredet, den schwierigsten Schritt der Heldenreise zu wagen, der dem Wechsel vom Bewusstsein ins Unterbewusstsein entspricht.

Diese Schwelle zwischen Bewusstsein und Unterbewusstsein wird an der Grenze zwischen dem zweiten und dem dritten Quadranten übertreten. Hier ist zwangsläufig die erste Begegnung mit dem Schwellenhüter. Oftmals wechselt an dieser Stelle auch das Umfeld des Helden. So tritt er von seiner gewohnten Alltagswelt in eine infernalische Welt ein, welche das Unbewusste repräsentiert.

Hier trifft der Held vermehrt auf seinen Schatten und muss sich mit ihm auseinandersetzen. Der intensivste Kontakt mit dem Schatten erfolgt beim Übergang vom dritten zum vierten Quadranten, wenn es zum Endkampf kommt.

Falls in der Geschichte ein Trickster-Archetyp vorhanden ist, so findet im dritten Quadranten oftmals der intensivste Kontakt mit ihm statt. Die Humorisierung der Handlung hilft dem Zuschauer, die Spannung besser zu ertragen. Gerade bei heftigen und blutigen Handlungen sind daher Tricksterfiguren hilfreich.

Oftmals begegnet der Held im vierten Quadranten direkt nach dem Endkampf einem Gestaltwandler. Dies kann als zusätzliche Pointe der Geschichte verstanden werden, da einige Agonisten ihre Masken fallen lassen. So erscheint nach der Klimax die Handlung plötzlich in einem ganzen anderen Licht. Vermeintliche Gefährten werden zu Handlangern des Schattens oder Gegner werden zu versteckten Helfern.

Auch der Schatten selbst kann die Rolle des Gestaltwandlers übernehmen, indem er hier offenbart, dass er doch nicht ganz so infernalisch ist, wie der Kampf vermuten lässt, und möglicherweise sogar positive Charakterzüge aufweist.

In der Mitte des dritten Aktes begegnet der Held oft zum zweiten Mal dem Schwellenhüter,

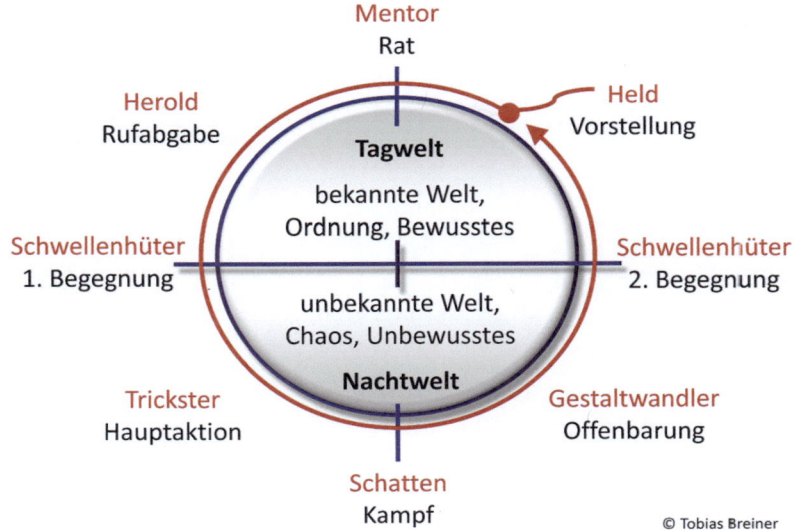

◘ Abb. 7.4   Zeitpunkte der Hauptrollen der narrativen Archetypen im Handlungskreis

dies soll das Wiederauftauchen des Zuschauers vom Unterbewusstsein ins Bewusstsein symbolisieren.

Wenn wir die intensivsten Kontaktpunkte des Helden mit den restlichen funktionalen Archetypen aufzeichnen, so zeigt sich, dass diese Punkte zueinander oktogonal angeordnet sind (◘ Abb. 7.4). Die beiden Archetypen des zweiten Wichtigkeitsgrades (▶ Kap. 2), Mentor und Schatten, befinden sich dabei am oberen bzw. unteren Kulminationspunkt. Die zwei Schwellenhüterpunkte sind dazu orthogonal angeordnet.

7.2.4 Innere Logik der dodekazyklischen Heldenreise

Ganz besonders aufschlussreich ist es, wenn wir in der dodekazyklische Heldenreise die drei aristotelischen Akte und die Positionen der einzelnen zwölf Stationen betrachten (◘ Abb. 7.5). Hier nehmen die drei aristotelischen Akte jeweils ein Drittel ein. Jedes Drittel ist wiederum in vier Stationen unterteilt. Es wird ersichtlich, dass der Höhepunkt der

Geschichte, die Klimax, eigentlich psychologisch ein Tiefpunkt ist, denn hier ist der Spieler am tiefsten in sein Unbewusstes eingetaucht.

Auch fällt auf, dass jeweils zwei aufeinanderfolgende Handlungsreisestationen thematisch zusammengehören. Dabei wechselt bei alle ungeraden Stationen am Anfang entweder die Szenerie oder die Handlungsgrundlage. Die geraden Stationen stellen dagegen die Komplementierung der vorherigen Station dar:

- 1 zu 2: Die erste Station stellt den Helden und sein Umfeld vor, aber erst durch die zweite Station wird die Vorstellung mit der Präsentation des Mentors komplementiert, und der Held bekommt sein geistiges oder materielles Rüstzeug.

- 3 zu 4: In der dritten Station erhält der Held seinen Ruf, aber erst in der vierten Station wird er überredet, diesem Ruf auch tatsächlich zu folgen.

- 5 zu 6: In der fünften Station überwindet der Held die Schwelle zur Anderswelt, aber erst in der sechsten Station wird er mit den Problemen der Anderswelt konfrontiert und er realisiert seine neue Lage.

- 7 zu 8: In der siebten Station verstrickt sich der Held in diejenigen Probleme, die

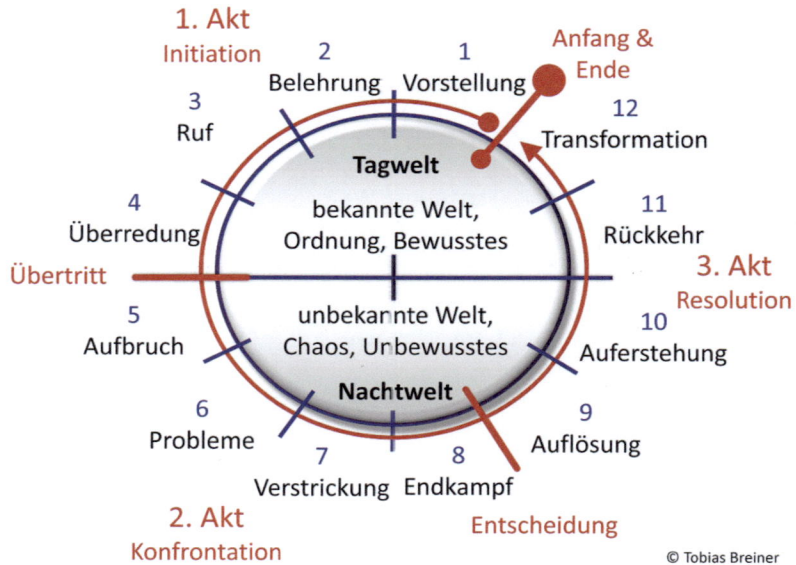

◘ Abb. 7.5   Die drei aristotelischen Akte und die zwölf Stationen im Handlungskreis

durch den Schatten erzeugt werden, und der Handlungsfaden verwickelt die einzelnen Protagonisten komplex miteinander und bildet somit einen „Handlungsknoten". Aber erst in der achten Station tritt der Held in den Endkampf mit dem Schatten und der Knoten löst sich auf.

- 9 zu 10: In der neunten Station hat der Held gesiegt, aber erst in der zehnten Station realisiert er diese positive Wendung und entschließt sich, als Sieger wieder in die Heimat zu gehen.
- 11 zu 12: In der elften Station kehrt der Held in seine Heimat zurück. Aber erst in der zwölften Station transformiert er seine Heimat, realisiert seine Rückkehr und findet sich wieder in der gewohnten Alltagswelt zurecht.

Somit können alle ungeraden Stationen als *Vorbereitungsstationen* und alle geraden Stationen als *Erfüllungsstationen* angesehen werden. Die Nachbarfelder haben dabei folgende gemeinsame Thematik:
- 1 und 2: Wappnung des Helden.
- 3 und 4: Überzeugung des Helden.

- 5 und 6: Desintegration des Helden.
- 7 und 8: Kämpfe des Helden.
- 9 und 10: Triumph des Helden.
- 11 und 12: Reintegration des Helden.

Wenn wir diese Doppelfelder ebenfalls zirkulär anordnen, zeigt sich, dass auch hier entgegengesetzte Themen exakt im Heldenkreis gegenüberstehen:
- In der Doppelstation 1 und 2 wird der Held für die Herausforderungen des Kampfes mit dem Schatten gewappnet, in Doppelstation 7 und 8 ficht er den Kampf mit seinem Rüstzeug tatsächlich aus.
- In der Doppelstation 3 und 4 wird der Held überzeugt, dass er als Sieger aus dem Kampf hervorgehen kann, in Doppelstation 9 und 10 triumphiert er dann tatsächlich.
- In Doppelstation 5 und 6 desintegriert sich der Held zunehmend in der dystopischen Anderswelt, die das Unbewusste symbolisiert, in Doppelstation 11 und 12 integriert sich der Held wieder in die gewohnte Alltagsumgebung, welche das Bewusste symbolisiert.

Die Doppelstationen sind anschaulich in ☐ Abb. 7.6 skizziert.

Falls es sich um ein Drama handelt, sind die beiden letzten Doppelstationen durch eine destruktive Variante ausgetauscht. Dies zeigt ☐ Abb. 7.7.

Somit gibt es im Heldenkreis drei Doppelachsen, welche jeweils ein gemeinsames Superthema bilden:

— Martialische Doppelachse 1 und 2 vs. 7 und 8: Diese Doppelachse hat mit der Vorbereitung und der Ausführung des Endkampfes zu tun.

— Submissionsdoppelachse 3 und 4 vs. 9 und 10: Diese Doppelachse handelt direkt oder indirekt von der hierarchischen Positionierung des Helden gegenüber dem Schatten.

— Translationsdoppelachse 5 und 6 vs. 11 und 12: Diese Doppelachse thematisiert den Wechsel in einen anderen Bewusstseinszustand verbunden mit einem stilistischen Kulissenwechsel.

Eine Skizze zu den Doppelachsen findet sich in ☐ Abb. 7.8.

Die dodekazyklische Heldenreise kann auch trigonal betrachtet werden. Wird ein gleichseitiges Dreieck in den Heldenkreis gelegt, so haben die drei Stationen an den Eckpunkten des Dreiecks eine gemeinsame Aufgabe bezüglich der Vorbereitung und Aufarbeitung des jeweiligen Aktes:

— Stationen 1, 5 und 9: Der Held beginnt einen neuen aristotelischen Akt mit einer neuen narrativen Phase. Meist ist diese auch mit einer neuen Kulisse verbunden.

— Stationen 2, 6 und 10: Die narrative Phase wird vertieft und gefestigt.

— Stationen 3, 7 und 11: Der Held erhält erste Informationen über den nachfolgenden Akt.

— Stationen 4, 8 und 12: Der Held komplementiert den Akt und bereitet sich emotional auf den nächsten Akt bzw. das Ende vor.

Wenn die dodekazyklische Heldenreise mit dem psychologischen Farbsystem (s. Breiner: *Farb- und Formpsychologie* 2018) verglichen wird, so lässt sich erkennen, dass sich die diesbezüglichen Assoziationen mit

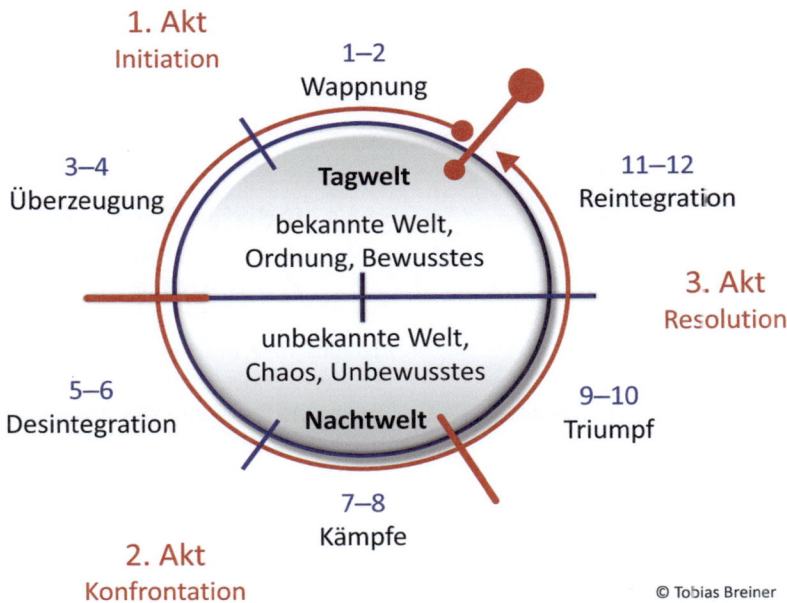

☐ **Abb. 7.6** Die Doppelstationen im Handlungskreis

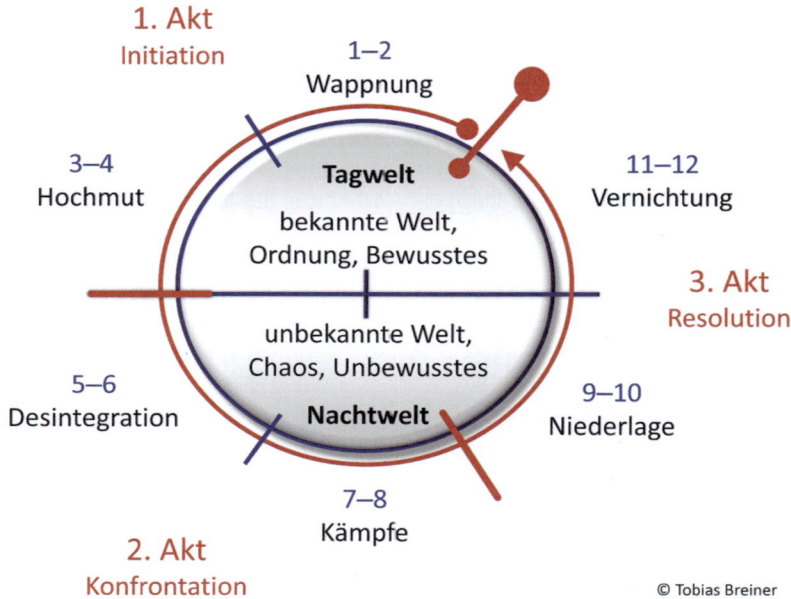

◘ Abb. 7.7 Die modifizierten Doppelstationen im Handlungskreis bei einem Drama

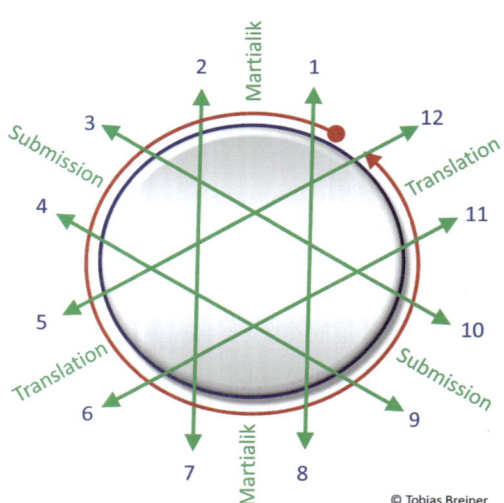

◘ Abb. 7.8   Die Doppelachsen im Handlungskreis

einer zyklischen Bewegung in der X-Y-Ebene decken. Dabei startet und endet die Reise im Punkt (A = 180°, S = 1, E = 60°), wandert in der zweiten Station über (A = 0°, S = 1, E = 90°) entsprechend zu Weiß, geht dann beim Wechsel von der 4. in die 5. Station über

den Rotpunkt (A = 0°, S = 1, E = 0°), erreicht beim Wechsel vom 7. in die 8. Station den Schwarzpunkt (A = 0°, S = 1, E = −90°) und beim Wechsel zwischen der 10. und 11. Station den Grünpunkt, um dann wieder zum Anfangspunkt zurückzukehren.

❯ **Die dodekazyklische Heldenreise besitzt eine innere Logik.**

7.2.5 Indizien für die Existenz der dodekazyklischen Heldenreise

Es gibt viele Indizien dafür, dass die hier präsentierte dodekazyklische Heldenreise eher der mentalen Blaupause des Menschen entspricht als diejenigen von Campbell bzw. Vogler.

Diese Indizien ergeben sich aus einer inhärenten autozyklischen Logik, die bei Campbells (bzw. Voglers) Heldenreise nicht existiert. Sie sind im Einzelnen:

— Aristotelische Gliederung: Die hier präsentierte dodekazyklische Heldenreise gliedert sich gleichmäßig nach dem klassischen dreiaktigen Schema von Aristoteles. Campbells Heldenreise kann dagegen nicht mit Aristoteles in Einklang gebracht werden.

- Mögliche Bildung eines Heldenkreises: Die dodekazyklische Heldenreise kann als Heldenkreis dargestellt werden, wobei sich neue Informationen offenbaren. Letzteres ist bei Campbell nicht möglich.
- Opposition von Mentor und Schatten: Die Hauptaktionspunkte der gegenteiligen Archetypen zweiter Ordnung, also Mentor und Schatten, stehen sich im Heldenkreis exakt gegenüber.
- Quadratische Anordnung der Archetypen zweiter und dritter Ordnung: Die Archetypen zweiter und dritter Ordnung (Mentor, Schatten, erster und zweiter Schwellenhüter) bilden in der dodekazyklischen Heldenreise ein genaues Quadrat.
- Opposition von Anfangs- und Endschwellenhüter: Die Schwellenhüter treten im dodekazyklischen Heldenkreis genau gegenüber auf.
- Oktogonale Anordnung der Haupt- und Nebenarchetypen: Die Hauptaktionspunkte entscheidender Archetypen bilden ein genaues Achteck im Heldenkreis.
- Hexagonale Anordnung der Doppelstationen: Die Doppelstationen bilden zueinander ein Sechseck.
- Alternierende Anordnung der Vorbereitungs- und Erfüllungsstationen: Jede zweite Station komplementiert die vorherige Station. Am Anfang jeder ungeraden Stationen wechselt die Kulisse und das Grundthema der Handlung.
- Trigonale Anordnung der Stationen bezüglich ihrer strukturellen Färbung.
- Einklang der Heldenreise mit dem Assoziationsverlauf der X-Y-Ebene im psychologischen Farbsystem[6]. Dabei ist der Startpunkt bei $A = 180°$, $S = 1$, $E = 60°$.

Fazit zur dodekazyklischen Handlungsreise

Die Handlung einer Geschichte kann nach der in diesem Kapitel präsentierten dodekazyklischen Heldenreise optimiert werden. Diese Heldenreise enthält zwölf Stationen, die bei einer zyklischen Anordnung eine innere Logik aufweisen.

Die dodekazyklische Heldenreise ist eine Blaupause für eine Reise ins Unbewusste. Durch sie entfaltet die Geschichte eine tiefenpsychologische Heilwirkung.

Literatur

Baumann, D., & Thaa, D. (2009). *Die Reise des Rings – Schwellenfiguren und Schwellenräume in J.R.R. Tolkiens und Peter Jacksons „Der Herr der Ringe".* Diplomarbeit an der Universität Wien. Betreuerin: Marschall, Brigitte. Online unter ► http://othes. univie.ac.at/6989/1/2009-10-19_0400214.pdf. Zugegriffen: 07. Okt. 2017.

Behmel, A. (2001). *Das Nibelungenlied – Übersetzung aus dem Mittelhochdeutschen.* Stuttgart.

Breiner, T. C. (2010). *Der Räuber des Blitzes – Kruschelkrimi Nr 1.* Pfungstadt (unveröffentlicht)

Breiner, T. C. (2018). *Farb- und Formpsychologie.* Heidelberg: Springer.

Creative Commons. (2017). *Creative Commons-Lizenz CC BY 2.0.* ► https://creativecommons.org/licenses/by/2.0/legalcode Zugegriffen: 07. Sept. 2017

Grimm, J., & Grimm, W. (1857). *Kinder- und Hausmärchen.* ► http://www.gasl.org/refbib/Grimm__ Maerchen.pdf. Zugegriffen: 02. Okt. 2017.

Krützen, M. (2011). *Dramaturgie des Films – Wie Hollywood erzählt.* 3. Auflage. Fischer.

Lennox, S. (24.11.2015). *Die Nibelungen:Siegfried (1924).* Bild unter Public Domain Mark 1. ► https://www.flickr.com/photos/jumborois/3056956634/sizes/o/. Zugegriffen: 17. Okt. 2017.

Tolkien, J. R. R. (1955). *Der Herr der Ringe.* 3 Bände. Klett-Cotta.

Tolkien, J. R. R. (1938). *Über Märchen.* In: Baum und Blatt. Ullstein, S. 9–82.

Van Heaften, A. (28.01.2015). *Hansel and Gretel by Engelbert Humperdinck.* Bild des Work Projects Administration Federal Art Projects, Massachusetts unter Creative Commons CC-BY 2.0 (Creative Commons 2017). ► https://www.flickr.com/photos/wikimediacommons/15766365114/sizes/o/. Zugegriffen: 18. Okt. 2017.

---

6 Eine ausführliche Erklärung des psychologischen Farbsystems findet sich in Breiner: *Farb- und Formpsychologie* (2018).

Serviceteil

Personenverzeichnis

Sachverzeichnis

N

 **Springer**

Willkommen zu den Springer Alerts

- Unser Neuerscheinungs-Service für Sie:
  aktuell *** kostenlos *** passgenau *** flexibel

Springer veröffentlicht mehr als 5.500 wissenschaftliche Bücher jährlich in gedruckter Form. Mehr als 2.200 englischsprachige Zeitschriften und mehr als 120.000 eBooks und Referenzwerke sind auf unserer Online Plattform SpringerLink verfügbar. Seit seiner Gründung 1842 arbeitet Springer weltweit mit den hervorragendsten und anerkanntesten Wissenschaftlern zusammen, eine Partnerschaft, die auf Offenheit und gegenseitigem Vertrauen beruht.

Die SpringerAlerts sind der beste Weg, um über Neuentwicklungen im eigenen Fachgebiet auf dem Laufenden zu sein. Sie sind der/die Erste, der/die über neu erschienene Bücher informiert ist oder das Inhalts-verzeichnis des neuesten Zeitschriftenheftes erhält. Unser Service ist kostenlos, schnell und vor allem flexibel. Passen Sie die SpringerAlerts genau an Ihre Interessen und Ihren Bedarf an, um nur diejenigen Informa-tion zu erhalten, die Sie wirklich benötigen.

Mehr Infos unter: springer.com/alert